晋杂15号高粱穗（柳青山提供）

晋杂16号高粱穗（选自《北方旱地粮食作物优良品种及其使用》）

晋杂16号高粱大田（选自《北方旱地粮食作物优良品种及其使用》）

晋杂18号高粱大田（柳青山提供）

晋杂 18 号高粱穗
(柳青山提供)

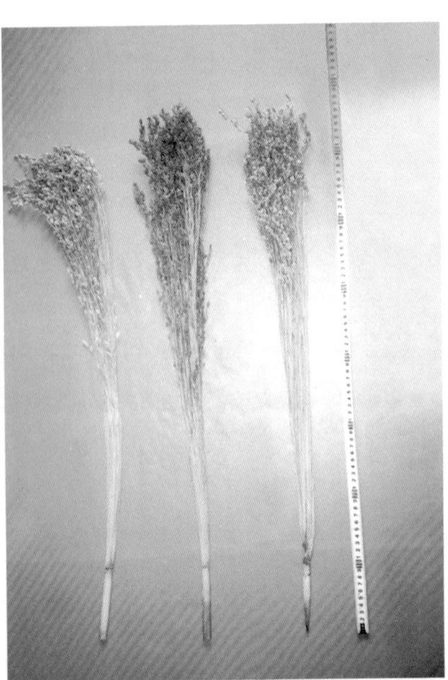

帚用高粱谊源1号
(马俊华提供)

饲草用高粱晋杂 19 号
(柳青山提供)

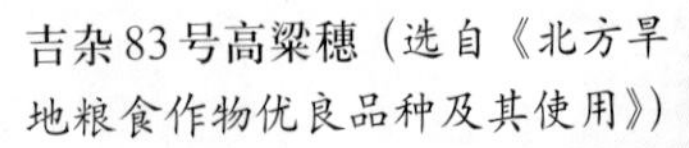

吉杂83号高粱穗（选自《北方旱地粮食作物优良品种及其使用》）

吉杂87号高粱穗（选自《北方旱地粮食作物优良品种及其使用》）

龙杂5号高粱穗（选自《北方旱地粮食作物优良品种及其使用》）

龙杂5号高粱大田（选自《北方旱地粮食作物优良品种及其使用》）

龙杂6号高粱穗（选自《北方旱地粮食作物优良品种及其使用》）

龙杂6号高粱大田（选自《北方旱地粮食作物优良品种及其使用》）

晋燕7号（选自《北方旱地粮食作物优良品种及其使用》）

晋燕8号

晋燕9号

雁红10号籽粒（选自《北方旱地粮食作物优良品种及其使用》）

雁红14号（选自《北方旱地粮食作物优良品种及其使用》）

小46-5（选自《北方旱地粮食作物优良品种及其使用》）

小莜麦籽粒

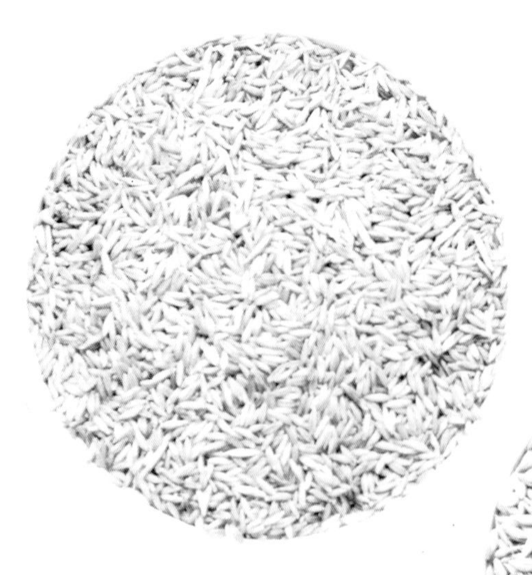

大莜麦籽粒

大麦籽粒

晋谷 21 号大田

晋谷 21 号谷穗
(陈瑛提供)

晋谷 35 号大田

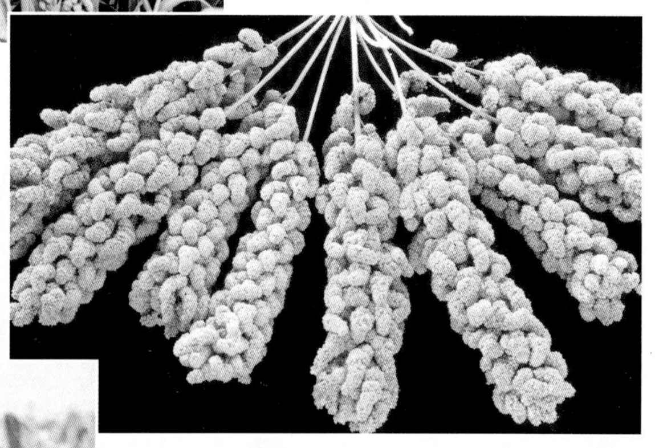

晋谷 35 号谷穗
（张喜之提供）

龙谷 30 号谷穗（选自《北方旱地粮食作物优良品种及其使用》）

晋黍4号大田（李海提供）

晋黍4号黍穗

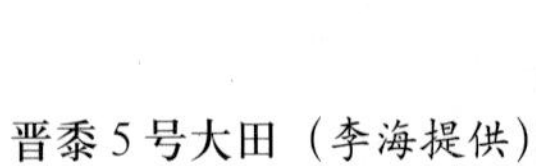

晋黍5号大田（李海提供）

晋黍5号黍穗

榆荞1号（选自《北方旱地粮食作物优良品种及其使用》）

粮棉油草良种引种丛书

小杂粮良种引种指导

XIAOZALIANG
LIANGZHONG YINZHONG ZHIDAO

编著者 李 莹 张 亮
乔燕祥 柳青山
穆志新 赵卫红
孙美红

金盾出版社

内 容 提 要

本书由山西省农业科学院张亮研究员等编著。本书在介绍大麦、高粱、燕麦、谷子、黍和荞麦的生产状况、发展趋势、良种选择、生态区划、引种规律的基础上，还重点介绍了这些杂粮作物近年来育成和引进的129个新品种的来源、特征特性、产量表现、栽培要点和适应地区。本书实用性强，通俗易懂，可供广大农民、农业技术人员和农村基层领导干部阅读参考。

图书在版编目(CIP)数据

小杂粮良种引种指导/李莹等编著. —北京:金盾出版社，2004.3
(粮棉油草良种引种丛书)
ISBN 978-7-5082-2887-7

Ⅰ.小… Ⅱ.李… Ⅲ.杂粮-引种 Ⅳ.S510.22

中国版本图书馆 CIP 数据核字(2004)第 008030 号

金盾出版社出版、总发行
北京太平路5号(地铁万寿路站往南)
邮政编码:100036 电话:68214039 83219215
传真:68276683 网址:www.jdcbs.cn
彩色印刷:北京蓝迪彩色印务有限公司
黑白印刷:北京金星剑印刷有限公司
装订:桃园装订厂
各地新华书店经销
开本:850×1168 1/32 印张:7.25 彩页:8 字数:173千字
2011年1月第1版第4次印刷
印数:25001—31000册 定价:10.00元

序言

种是农业“八字宪法”的核心，它既是生产资料，又是体现现代科学技术的载体。选用具有优良生产性能和加工品质的作物品种，是实现高产高效农业的重要前提。

新中国成立以来，我国作物育种工作者培育了一批又一批的农作物优良品种，为农业生产的发展和科学种田水平的提高做出了卓越贡献，使得我国农业能以占全球百分之七的耕地养活占世界百分之二十二的人口，成为举世瞩目和公认的巨大成功。近些年来，随着新的先进、实用技术的运用，我国在粮食、棉花、油料和饲用作物方面又陆续培育出许多新的优良品种，促进了良种的更新换代，也推动了农业现代化的进一步发展。

但是，我国地域辽阔，各地气候、土壤差异较大，生产水平、栽培条件各有不同，而各类作物的每一品种又都有其一定的地区适应性和对栽培条件的要求。在生产实践中，如何正确地选用、引进适合本地区条件的优良品种，并使良种良法配套，做到种得其所，地尽其利，物尽其用，仍然是一个普遍存在和十分现实的问题。

为此，金盾出版社邀请有关专家编写了“粮棉油草良种引种指导”丛书，分九个分册，分别介绍了水稻、小麦、玉米、小杂粮、棉花、大豆与花生、油菜与芝麻、饲料作物、牧草等最新育成的优良品种与引种注意事项。编撰者都是活跃在本专业生产与科研第一线的行家，他们深知优良品种都有其地区（包括肥水）适应性，不可能完美无缺，所以在编写中，本着科学、实用的原则，慎选精华，一分为二，既突出优点，又指明缺点，并针对引种经常或可能出现的问题提出指导性意见或应注意事项；同时每一品种都附有植株、穗部和籽粒的彩色照片，做到图文并茂。我相信，此套丛书的出版可为作物引种工作者、基层农业干部和技术推广人员，特别是广大从事种植业生产的农户，提供一部便于寻找、检索良种信息和通过比较后确定最适于生产试种品种的工具书，起到宣传、普及农业实用科学技术的作用。

中国农业科学院研究员
中国科学院院士

2003年7月1日

目　录

第一章　积极发展小杂粮生产

一、小杂粮的分布与生产状况

(一)小杂粮的概念

众所周知，稻、麦是我国人民也是全世界人民的主要粮食，人们习惯地把稻、麦之外的其他谷物叫做杂粮，又把杂粮中分布零散、栽培面积较小、总产量不多的谷物叫做“小杂粮”。小杂粮只是我国农业生产上的一种说法，并没有严格的学术定义，在作物栽培学农作物分类中没有这个概念。

小杂粮究竟包括哪些作物呢？杂粮中的龙头老大是玉米。全世界玉米的总产量已经超过稻谷和小麦，从产量上说是第一大粮食作物，“杂”而不“小”，自然不能列入小杂粮之中。高粱和谷子在我国曾经有过很大的种植面积，还是不少地区人民的主要粮食，那个时候绝不能算做是小杂粮。只是在最近一二十年，高粱、谷子的种植面积一路下滑，在粮食作物中的比重越来越小，同时也从人们的餐桌上悄然退出，因而沦为小字辈杂粮。现在我们可以这样认为，除去稻谷、小麦、玉米之外的其他谷物，例如大麦、高粱、燕麦、谷子(粟)、黍(黍子、糜子、稷)、荞麦、黑麦、薏苡、御谷、龙爪稷等等，都可称之为小杂粮。也有人认为，除去大豆之外的其他豆类作物，例如红小豆、绿豆、豌豆、蚕豆、芸豆、豇豆、莱豆、扁豆、饭豆等等，也应列入小杂粮。

应当说明，小杂粮是我国对部分农作物的一种笼统的称呼，其他国家似乎没有这种说法。例如，2001 年我国高粱种植面积只占粮食作物总面积的0.5%,是个名副其实的小杂粮,而在世界上不少国家仍然把高粱列入四大谷物(稻谷、小麦、玉米、高粱)之一。

(二)小杂粮的分布与生产简况

2001年全世界小杂粮(不包括杂豆)种植面积约为1.67亿公顷,占谷物总面积的24.9%,总产量为2.92亿吨,占谷物总产量的14.3%。小杂粮中面积和总产量最大的作物当属高粱,栽培面积占小杂粮总面积的1/4以上,总产量占小杂粮总产量的1/5。各大洲都有种植,主要分布在非洲和亚洲,非洲占1/2,亚洲占1/4。主要生产国有美国、印度、尼日利亚、墨西哥、中国、阿根廷等。谷子(粟)面积也较大,主要分布在中国、印度、俄罗斯、马里、苏丹等国。黑麦和燕麦在欧洲、亚洲和美洲都有种植,主产国是俄罗斯、美国、加拿大、中国等。荞麦主要分布在俄罗斯、中国、乌克兰、加拿大、波兰、日本等国。

我国地域辽阔,南北端相距5 500多公里,地跨近50个纬度,国土大部分处于温带、暖温带和亚热带地区;又由于地形复杂,山地、高原、丘陵、平原、盆地都有相当大的面积,生态环境和气候条件非常适宜各种农作物生长,因而农作物种类十分丰富。我国是世界上的农业大国,又是许多农作物的起源地,直到现在农业生产在国民经济中仍占有相当大的比重,工业化程度不高,因而仍然保存着、生产着各种各样的小杂粮。谷子面积与总产量居世界第一位,黍子和荞麦生产居世界第二位,各种杂豆生产在世界上也占有重要地位。

我国小杂粮分布有明显的地域性,主要种植在西北、华北和西南自然条件较差、经济不太发达的干旱半干旱地区、高寒山区、贫困地区以及少数民族地区。杂粮播种面积在33万公顷以上的有11个省、自治区,播种面积在66万公顷以上的有内蒙古、河北、山西、云南等省、自治区。其中高粱、谷子、黍子在北方各省、自治区种植面积较大,在部分生产条件较好的平川地区也广为栽培。大麦主要分布在青藏高原、长江中下游以及四川、云南、甘肃、内蒙古等地。燕麦产区主要在内蒙古、河北北部、山西北部及甘肃一带。种植荞麦较多的地区有内蒙古、陕西、甘肃、宁夏、山西以及云南、贵州、四川等地。由于小杂粮分布零散,多种植在边远山区,或是利用小块地、边角地、地埂栽培,面积和产量难以统计,缺乏系统的完整的资料。从各方面的报道分析,由于我国对种植业结构的调整,使经济作物面积迅速扩大,而小杂粮生产逐年萎缩,尤其是近20年缩减程度非常严重。1979年,全国小杂粮(包括杂豆)种植面积1 770.15万公顷,占粮食作物总面积的14.84%,总产量为2 821万吨,占粮食作物总产量的6.99%;到2001年,小杂粮(包括杂豆)种植面积为862.8万公顷,占粮食作物总面积的8.13%,总产量为1 605.8万吨,占粮食作物总产量的3.85%。

二、开发小杂粮的前景

如何看待这些年来小杂粮生产日趋衰落的现象呢?我们认为,现今世界上生存的各种农作物,不论其产量的“大”“小”,都是人类社会发展之必需,都有其存在的价值。某些农作物在某个历史阶段的兴衰,也都有其社会历史原因。例如,谷子在我国古代相当长的历史时期里是主要粮食,那时候小麦处于次要地位。而当磨面粉的技术出现之后,由于小麦的加工方式、食用方法多样化,且适口性较好,很快就取代了谷子而上升为主要粮食。谷子、高粱等杂粮耐旱,耐瘠薄,适应性强,在生产条件落后的过去,这些作物的种植面积就大,但后来随着生产条件的改善,农民种植细粮(稻、麦)的积极性增高,杂粮面积就逐渐缩小。20世纪60~70年代,杂交高粱问世,大大推动了全世界的高粱生产。与1952年相比,到1972年拉丁美洲高粱产量增长了14倍,欧洲增长19倍,北美增长4倍,最突出的是法国,高粱产量增长了200倍。70年代初,我国高粱生产也达到高峰。最近一二十年,一方面由于我国国民经济发展速度很快,全国范围内基本上解决了温饱问题,以高粱、谷子为主的杂粮不再是人们的主要食粮,社会需求量大大减少。另一方面农民在解决了“有粮吃”的问题之后,紧接着就是要解决“有钱花”的问题。因此,在种植业结构调整过程中,必然要扩大经济作物的种植面积,压缩粮食作物,首先是压缩小杂粮的种植面积。所以我们认为,小杂粮生产的萎缩是符合客观规律的,是不以人的意志为转移的,不必要为此而感到遗憾和不安。然而,目前的这种农业结构模式、小杂粮生产现状是否就完全科学、合理,也还值得研究。2001 年,全世界小杂粮(不包括杂豆)种植面积占谷物总面积的 24.9%,美国为 11.84%,法国为 24.72%,澳大利亚为 30.52%,我国为 5.86%;同年世界小杂粮总产量占谷物总产量的 14.3%,美国是 7.07%,法国是 20.08%,澳大利亚是 30.49%,我国是 2.8%。各国国情不同,农业生产各有自己的特点、规律,不能从表面上做机械的对比。然而从这些数字比较中,也能获得一些启示。至少我们不能把小杂粮生产视为一种落后的生产项目,更何况我们在调整种植业结构中确实还出现过一些盲目性,例如出现的苹果热等等,过度地打击了小杂粮生产。

对我国小杂粮今后的生产前景我们仍应抱乐观的态度,这是由于考虑到以下因素而决定的。

第一,小杂粮营养丰富,为人民生活所必需。小杂粮的营养成分与食用价值并不“小”。从表 1-1,表 1-2 可以看出,小杂粮的营养成分与主食大米、小麦相比,有些项目相似,有的略低一些,有的又略高一点。可以说各有千秋,各有所长,在人们食物中只能相互补充,不可相互替代。有些小杂粮含有特殊的营养成分,或具有特殊的食用方法,更是其他谷物所不能代替的。例如大麦是啤酒工业的原料,荞麦被称为美容食品,各种杂豆都有其特殊的食用用途。过去因为粮食缺乏,人们吃粗粮较多,有些地方以粗粮为主。

现在温饱问题解决了,又要求营养全面、食物搭配,讲究调剂口味,因此,小杂粮又重新回到餐桌上来,市场上对小杂粮的需求也日渐增加。不但如此,许多小杂粮(包括杂豆)还具有医疗保健作用,例如莜麦、荞麦的蛋白质含量较高,各种氨基酸比例较为合理,长期食用对降低血糖、降低血脂、软化血管有一定功效。国内外许多调查显示,一些长寿地区的居民和非长寿地区的寿星多食杂粮,例如保加利亚的寿星以食大麦为主,高加索地区和日本一些地方的寿星则喜食荞麦。最近几年,国内以小杂粮为主要原料的食疗保健食品、调味品(如燕麦片、苦荞醋等)纷纷上市,颇受人们欢迎。

表 1-1　各种小杂粮与小麦、玉米籽粒的营养成分比较　(%)

作　物	粗蛋白质	粗脂肪	钙	磷
大　麦	10.8	2.0	0.12	0.29
高　粱	8.7	3.3	0.09	0.28
糜　子	12.5	2.9	0.03	0.28
荞　麦	10.3	2.2	0.14	0.22
谷　子	9.7	2.6	0.06	0.26
莜　麦	12.9	7.0	0.16	0.34
豌　豆	22.6	1.5	0.13	0.39
蚕　豆	24.9	1.4	0.15	0.40
豇　豆	20.7	1.4	0.12	0.46
绿　豆	21.6	0.9	0.15	0.31
芸　豆	22.7	1.3	0.34	0.52
红小豆	19.6	0.5	0.17	0.31
白小豆	26.1	1.0	0.23	0.28
菜　豆	23.9	1.0	0.20	0.29
小　麦	12.1	1.8	0.07	0.36
玉　米	8.6	3.5	0.04	0.21

表 1-2　各种小杂粮与小麦、玉米籽粒必需氨基酸含量比较　（%）

作物名称	苏氨酸	缬氨酸	蛋氨酸	异亮氨酸	亮氨酸	苯丙氨酸	赖氨酸
高　粱	0.46	0.62	0.23	0.57	1.42	0.74	0.32
大　麦	0.68	0.87	0.16	0.75	1.19	1.08	0.63
黑　麦	0.35	0.62	0.18	0.53	0.71	0.62	0.47
糜　子	0.56	0.59	0.32	0.53	1.27	0.65	0.38
荞　麦	0.54	0.71	0.19	0.60	0.88	0.77	0.78
黍　子	0.79	0.69	0.23	0.61	1.68	0.82	0.22
谷　子	0.41	0.54	0.08	0.50	1.09	0.72	0.27
莜　麦	0.75	0.90	0.17	0.87	1.28	1.00	0.82
蚕　豆	1.65	1.98	0.77	1.94	3.22	2.06	2.40
豇　豆	0.98	1.08	0.36	1.00	1.73	1.25	1.42
绿　豆	1.44	1.47	0.37	1.37	2.40	1.73	2.67
豌　豆	1.28	1.30	0.19	1.30	2.20	1.36	1.87
红小豆	1.08	1.19	0.23	1.08	1.86	1.38	1.88
芸　豆	1.23	1.22	0.31	1.14	1.89	1.36	1.55
小　麦	0.75	0.80	0.25	0.75	1.20	0.98	0.73
玉　米	0.41	0.61	0.31	0.51	1.24	0.67	0.40

第二,小杂粮是优质饲料,为发展畜牧业所必需。从古至今,小杂粮都是重要的饲料来源,全世界如此。当今欧美一些发达国家,十分重视畜牧业生产,对饲料需求量很大,这也是他们重视小杂粮的原因之一。小杂粮的籽实及茎秆中含有的各种营养成分比较平衡(表 1-1,表 1-2,表 1-3)。今后随着我国畜牧业的发展,对小杂粮的需求也会日益增加。

表 1-3　几种作物秸秆的营养成分比较

秸秆名称	粗蛋白质(%)	粗脂肪(%)	无氮浸出物(%)	总能量(兆焦/千克)
谷　草	3.7	1.6	41.3	15.31
大麦秸	3.6	1.7	39.5	14.81
黑麦秸	2.8	1.3	40.1	15.52
燕麦秸	3.8	2.1	39.6	15.02
荞麦秸	4.3	1.0	38.7	15.00
豌豆秸	7.6	1.5	36.7	14.73
蚕豆秸	8.4	1.3	33.6	14.73
红豆秸	6.9	1.2	33.9	15.77
小麦秸	3.2	1.4	38.6	14.81

据《山西省配合饲料资源成分及营养价值表》

第三,小杂粮是重要的工业原料,有待开发利用。小杂粮是许多传统食品工业的原料,如大麦是啤酒工业的原料,高粱是酿酒、制醋工业的原料,绿豆、红小豆等是糕点工业的原料。但是目前小杂粮的利用基本上还处于初级阶段,即生产传统产品和普通食品,如能开辟新的利用途径,加大开发利用的深度,将会大大提高小杂粮的经济效益。例如利用糖高粱生产再生能源酒精,与汽油混合作为汽车燃料,既能大大节省汽油,又可减少环境污染。在一些发达国家,利用糖高粱生产酒精已成为一种新兴产业。

第四,小杂粮是我国的一项传统出口农产品。我国小杂粮种类繁多,品质优良。更由于产地多分布在边远山区、贫困地区,这些地方环境没有污染,生产上也不施用化肥与农药,是生产“绿色食品”的天然基地,所以我国小杂粮在国际市场上很受欢迎。据报道,2002 年我国出口小杂粮 86.53 万吨,创汇 31 000 多万美元,主要是荞麦、绿豆、小豆、蚕豆和芸豆,其次是豇豆、小扁豆,还有部分高粱、谷子等。我国的荞麦主要出口日本、荷兰、韩国等地,年出口额10万多美元。主要出口日本,占该国荞麦进口量的80%以上。谷子(包括谷穗)、糜子、杂豆主要出口到法国、意大利、加拿大等国。物以稀为贵。国际市场上,小杂粮的价格是大宗粮食的2.5倍以上。小米在国内市场上每千克为2.6元,而同期在意大利市场上每千克为41.6~43.9元。花芸豆在国内市场上每千克为4~5元,而在意大利为每千克50元,在日本每千克高达100元。我国加入WTO后,国际贸易活动势必更加繁荣,我们应该抓住这个良机,积极发展适销对路的小杂粮产品,进一步扩大国际市场,增加农民收入。

第五,多数小杂粮生育期短,抗逆性强,适应性广,是调整种植业结构不可缺少的作物。特别是在一些自然条件恶劣、生产条件较差的地区,非常适宜发展小杂粮生产。

从上述几点可以看出,小杂粮的作用、经济价值并不小,关键是我们如何去开发利用;小杂粮生产并非陷入绝境,国内外市场需求日益增加,发展小杂粮生产仍然有广阔的前景。我国不少地方已经把发展小杂粮生产列入议事日程。山西省从2003年起,以吕梁、太行两山传统小杂粮种植区为中心,包括全省35个县市在内,建立优质杂粮区。第一年重点建设6.67万公顷优质谷子、12万公顷脱毒马铃薯、3.34万公顷优质杂豆、3.34万公顷优质燕麦、1.34万公顷优质荞麦五大杂粮基地,从资金、政策、科技等方面予以扶持,以加快振兴山区农村经济的步伐。

三、小杂粮生产的良种选择

恢复和发展小杂粮生产,必须走提高单位面积产量的道路。目前小杂粮生产已经跌入低谷,从播种面积来说,似乎再也没有多少缩减的余地。今后某些小杂粮种植面积虽然还有可能恢复一些,但是单纯依靠扩大面积来增加总产量是绝对不可能的。这是因为一方面我国的耕地面积有限，与主要粮食作物和经济作物相比，小杂粮不会有更大的种植面积。另一方面目前我国小杂粮生产单位面积产量〔指667平方米(1亩)的产量〕水平很低，增产潜力很大。全国小杂粮面积占粮食作物的8.13%，而总产量只占3.85%。除了高粱、谷子、大麦单产略高之外，其他小杂粮产量极低，每公顷平均750～1 500千克。所以说提高小杂粮单产不仅是必须的，而且也是可能的。提高单产的途径很多，例如改善生产条件，改进栽培技术等等，但是最重要最有效的途径是引种优良品种。

(一)良种在发展小杂粮生产中的作用

什么是品种？品种是人类在一定的生态条件和经济条件下，根据自己的需要而创造的某种作物的一种群体，它具有相对稳定的特定遗传性，在一定地区和一定栽培条件下，在产量、品质和适应性等方面，都符合生产的需要。

什么是优良品种？笼统地说就是好品种，具体地说，优良品种增产潜力大，在相同的自然条件和栽培条件下比别的品种产量高，同时品质也能满足人们的需要。种子是增产的内因，各种栽培措施是增产的外因，外因要通过内因才能起作用。有了优良品种，还必须采用与之相适应的栽培技术，即人们常说的良种良法配套，就能取得最大的增产效果。然而还应该强调说明，优良品种是最重要的农业生产资料。良种是生产的基础，有了良种，即使不增加人力与物力的投入，也能获得相对的增产，所以引用良种是一项投资最少、耗能最低、见效最快、收益最高的关键措施。50年前，美国高粱每公顷的平均产量为750～1 200千克，不如我们现在的荞麦收得多。1956年开始推广杂交高粱，两年之后，平均单产几乎提高1倍。1960年普及杂交高粱，单产达到每公顷3 000千克，目前平均单产为每公顷4 045千克。世界各国的实践证明，常规优良品种一般增产10%～20%，而杂交种比普通品种增产25%～40%，甚至成倍增长。

良种的作用不仅表现在增加产量，而且也表现在改进品质、提高抗逆性、扩大种植区域等方面，这从早期几个“晋杂号”高粱杂交种上就可以看到。20世纪60年代，在我国影响最大的高粱杂交种是晋杂5号，平均增产幅度为20%～33%，全国累计推广面积666.7万公顷，增产粮食50多亿千克。该杂交种同时具有抗倒伏、抗旱耐涝、耐盐碱、适应性强等特点，惟一缺点是品质较差。针对这个问题，科技人员又育成了晋杂1号高粱，比晋杂5号增产11.4%～17.5%，品质大有改善，籽粒蛋白质含量为10.75%（晋杂5号是9.95%），单宁含量大大降低，仅为0.129%（晋杂5号为0.559%）。凡事有一利必有一弊。品质优良的高粱杂交种又极易招致鸟害，晋杂1号就是因为鸟害严重而影响其大面积推广应用。后来又育成的晋杂4号，保持了晋杂5号的优良特性，品质有较大改善，同时增产15.2%～32.5%。

我国小杂粮产量低而不稳定的一个重要原因是多年来人们不大重视小杂粮生产。除高粱、谷子、大麦之外，其他小杂粮作物育成的优良品种很少，更没有在生产上广泛应用。各种大宗作物每隔几年就能普遍进行1次品种更新，而许多小杂粮至今还是千百年前老祖宗种植的品种。因此，培育和推广优良品种是发展小杂粮生产的一个非常关键的措施。

（二）科学选用优良品种

优良品种是一个相对的概念，在种植利用上有一定条件，有一定地域性，如果选用不当，不仅不能发挥良种的增产效益，而且很可能造成重大损失。因此，我们提倡科学选用良种，就是要对现有的许多良种认真地进行分析，根据不同良种的特征特性，结合当地的生产条件（气候、土壤、肥料、灌溉、耕作等）和生产需要，慎重地选择利用，以保证获得最佳的经济效益。

怎样才能做到科学使用良种呢？需要注意以下几个问题：

1. 优良品种要有严格的评选和管理制度 凡是新育成的或是新引进的品种，必须经过试验、示范、审定后才能推广。不可盲目听信广告宣传，使用没有经过审定的品种。良种不是一成不变的，在生产上的利用有一定的时间性。政府管理部门对生产上使用的品种，要定期进行考察和评价。根据生产条件和生产需要的变化，根据品种在生产中的变异及表现，及时肯定优种，淘汰劣种。

2. 注意良种的生态类型 每一个品种都是在一定生态环境下形成的。这些生态环境包括自然条件(光照、温度、水分、土壤、生物环境)和耕作条件，这就是某个品种的生态类型。只有在大致相同的生态环境下，品种才能充分表现出其特征特性，才能充分发挥其增产作用。所以在选用优良品种时，要考虑品种原产地与本地的自然环境、经济条件和耕作技术大体相似。

3. 注意品种的抗逆性和适应性 每个品种对不良环境和病虫草害的抵抗力、忍耐力不同。选用良种时，要注意本地自然灾害和病虫草害发生特点，有针对性地选择抗性强的品种。同时要做好检疫工作，防止给本地引进新的病、虫和杂草。

4. 保持品种的纯度 品种性状遗传的稳定性是相对的、暂时的，而变异是绝对的、普遍的。任何一个优良品种在生产上连续使用若干年，都会发生机械混杂和生物学混杂，都会产生种种变异，部分地丧失原品种的纯度。例如植株有高有矮，成熟期有迟有早，某些抗性有所减退，从而导致产量和品质下降。所以应建立健全良种繁育制度，搞好提纯复壮工作，以延缓品种的退化速度，增加品种在生产上的利用年限。

(三)小杂粮引种的一般原则和方法

什么是引种？广义的引种是泛指从外地、外国引进新的动植物种类、动植物新品种,以及各种遗传资源,为育种和理论研究服务。而我们这里所讲的引种,是指从当地当前的生产需要出发,从外地、外国引进农作物新品种,通过适应性试验,直接在本地推广种植。

小杂粮引种与其他大宗作物一样,应遵循以下一些规律和原则。

1. **生态环境相似** 从外地特别是从远距离引种,要了解所引进品种的生态类型,研究该品种所在地的生态环境与本地生态环境是否相似,尤其是气候因素。主要气候因素(光照、温度)相似是引种成功的关键。

2. **纬度与海拔的影响** 不同纬度和海拔高度的地区,日照和温度差异很大。实践证明,纬度相近的东西两地之间相互引种容易成功,而纬度不同的南北两地之间相互引种常常出现问题。我国地处北半球,北方纬度高,夏季作物生育期间日照长,冬季严寒;而南方纬度低,夏季日照短,冬季温度较高。所以南北两地之间引种要格外注意。

长日照作物,从北方往南方引种,生育期延长,甚至不能正常开花结实,茎叶徒长;反过来,如果从南方往北方引种,生育期缩短,植株矮小,穗小,产量降低。

短日照作物,从北方往南方引种,生育期明显缩短,提早成熟,植株矮小,穗小,粒小;从南往北引种,生育期延长,植株增高,穗大,粒大,但有不能正常成熟的风险。

引种时还要注意海拔高度,本质上还是考虑日照、温度等因素的影响。大体而言,海拔每升高 100 米,相当于纬度增加 1°。纬度相同的地区,高海拔山区与低海拔平川地区之间相互引种,容易失败,然而纬度偏低(南方)的高海拔地区与纬度偏高(北方)的平原地区之间相互引种,成功的可能性就大。这些原则讲起来有点绕口,其实并不难理解,也容易掌握。

3. **引种的目的性要明确** 针对本地生产需要和存在的问题,

有选择地引进外地良种。例如在干旱半干旱地区，需引进抗旱耐旱的丰产品种，而不能盲目引种需肥水条件高的高产品种。

4. **对引进品种要有全面认识** 调查了解所引进品种的来源(有可靠的育种或引种单位)，是否经过审定、认定，品种的特征特性、产量表现，对病虫害的感染和抵抗特点，与之相配套的栽培技术，适宜推广地区等等，知己知彼，才能引种成功。如果盲目听信别人介绍，或盲目相信虚假广告，或者单纯追求某一目标(如超高产)而不顾及其他，则往往招致重大损失。

5. **农户直接引种应注意的问题** 如为本地种子管理、农技推广部门推荐的良种，或者是当地已经试种成功的品种，可直接从外地引进使用。如果不是这样，而是从其他渠道了解的信息(如广告等)，当地从来没有种过的品种，应先少量引入，进行试种，对比观察，如确实适应本地种植，且性状优良，才能放心地大量引种。

(四)优良种子的标准

在生产实践中，人们口头上常说的良种有两种含意，一是说优良品种，二是指优良种子。优良品种和优良种子虽然不完全是一回事，但二者相互依存、密不可分。优良品种只有通过优良种子才能实现其优种的价值，如果只有优良品种，没有优良种子，那就无法体现其优在何处。同样，优良种子只有在具备了优良品种的条件时，才能称之为优良。如果是一般品种，或者是已经淘汰的品种，其种子质量再高也不能叫优良种子。

优良种子必须具备两个条件，一是具有优良的品种品质，二是具有优良的播种品质，两者缺一不可。品种品质包括品种的真实性和品种的纯度两个方面。真实性是指品种的名称是否真实可信，来源是否真实可靠；纯度是指非本品种种子的混杂程度。播种品质包括种子的净度、发芽率、含水量和病虫感染情况等。

我国目前制定的种子质量标准主要包括三个方面的内容，一是遗传纯度,二是净度,三是生活力。

遗传纯度是优良种子的最重要指标,没有一定纯度的种子,不能称其为良种。纯度达不到标准的种子,其生产力必然相应下降。评定品种纯度应根据田间鉴定和室内检查结果综合评价。室内检验方法是从净种子中随机取样两份,每份各500粒,根据该品种种子的粒型、粒色、粒质等,鉴别出符合本品种特征的种子,计算百分率。田间鉴定应在开花至成熟期进行,选取一定样点,根据本品种突出的特征(生育期、株高、株型、叶形、穗形等),鉴别出不符合本品种特征的杂株,计算出百分率。各种小杂粮种子的纯度要求是98%~99%。

种子的净度是指符合播种要求的完整、饱满种子的重量占全部受检种子重量的百分率。种子中废物杂质越多,净度越低。废杂物包括泥土、砂粒、植物根茎叶碎片、杂草、其他作物种子以及本品种破损种子等。各种小杂粮种子的净度要求不低于98%。计算公式如下:

$$\text{种子净度}(\%)=\frac{\text{完整、饱满种子重量}}{\text{受检样品种子重量}}\times 100$$

种子的生活力主要包括发芽率和发芽势。发芽率指一定数量的净种子,在规定天数内(一般5~10天)能够正常发芽的种子所占百分率。其计算公式如下:

$$\text{发芽率}(\%)=\frac{\text{正常发芽种子数}}{\text{受检种子总粒数}}\times 100$$

发芽势是检测种子发芽快慢及发芽能力强弱的指标,以发芽试验最初几天(一般3~5天)发芽种子粒数来计算。其计算公式如下:

$$\text{发芽势}(\%)=\frac{\text{规定天数内发芽种子数}}{\text{受检种子总粒数}}\times 100$$

以上我们叙述了优良种子的一般常识,有关各种小杂粮优良种子的具体要求,将在以后各章中分别介绍。

第二章 大 麦

一、大麦的分布与生产状况

大麦是禾本科一年生或越年生草本植物。栽培大麦有不同的分类方法,有的专家把栽培大麦分为两个种,即普通大麦和二棱大麦,也有人把二棱大麦和多棱大麦列为普通大麦的两个亚种。多棱大麦有两种类型,即六棱大麦和四棱大麦。不论多棱大麦,还是二棱大麦,都有皮大麦和裸大麦之分。大麦成熟后,籽粒与内外颖壳紧密结合不易分离的为皮大麦(又叫有稃大麦),人们口头上说的大麦一般是指皮大麦;大麦成熟后,籽粒与内外颖壳分离的叫做裸大麦,青藏高原称之为青稞,长江下游苏、浙、沪一带称为元麦,北方叫米大麦或米麦。多棱皮大麦主要用做家畜饲料;多棱裸大麦以食用为主,也用做家禽饲料。二棱皮大麦的籽粒淀粉含量高,能生产高质量麦芽,是酿造啤酒的优良原料。我国原有的栽培大麦品种基本上都是多棱大麦,六棱、四棱都有,皮、裸两型俱全。20世纪50年代从国外引入二棱大麦,种植面积逐步扩大。

(一)大麦在世界上的分布与生产简况

大麦适应性强,分布相当广泛,从南纬50°到北纬70°都有栽培,在“世界屋脊”西藏海拔4 750米的高寒地带,看不到其他农作物的踪迹,只有青稞能够正常的生长发育。近半个世纪以来,世界大麦生产有了很大的发展,其特点是随着社会需求的增加而平稳增长,没有大起大落的现象,前期播种面积和单位面积产量都有大幅度提高,后期播种面积基本稳定,主要靠提高单产水平而增加总产量。1948～1952年，年平均播种面积为5 247.3万公顷，总产量为5 905.29万吨，平均单产为每667平方米75千克；1968～1972年，年平均播种面积为7 919.5万公顷，总产量14 172.7万吨，单产为每667平方米120.85千克，与1952年相比，播种面积增加50.9%，总产量增加140%，单产提高61%；到1986年，播种面积为7 964.5万公顷，总产量18 044.1万吨，单产为每667平方米150.07千克，与1968～1972年相比，播种面积、总产量、单产分别增加0.57%，27.3%，24.1%。

大麦在世界谷物生产中占有重要的地位，播种面积和总产量仅次于小麦、水稻、玉米，居第四位。主要分布在欧、亚两洲，占78%；其次是北美洲和非洲。种植面积最大的国家是俄罗斯，占世界大麦总面积的1/3以上；其次是加拿大、美国、西班牙、土耳其等。单产水平最高的是荷兰，平均每公顷6 247千克；比利时、津巴布韦和英国也在每公顷5 000千克以上。

（二）我国大麦的分布与生产简况

我国是栽培大麦起源地之一，有5 000～6 000年的种植历史，主要分布在长江中下游地区和青藏高原，播种面积和产量最多的是江苏、浙江、西藏、河南、上海、湖北、安徽、甘肃、青海、四川等省、市、自治区。西藏的青稞种植面积占各种作物总面积的一半以上，是第一大作物。青海的青稞为第三大作物，仅次于小麦和油菜。抗日战争之前，青稞在全国种植面积最大时曾达到674万公顷，总产量居世界第一。与世界大麦稳步增长的发展趋势不同，近50年来，我国大麦生产起伏波动较大。1952年播种面积为387万公顷，总产量345万吨。此后20～30年间，其播种面积和总产量除西藏、青海比较稳定，上海、浙江有所上升发展外，其他省、市、自治区一度呈严重下滑趋势。后来由于啤酒工业的发展，对大麦原料需求扩大，生产才逐渐恢复。例如内蒙古自治区解放初期，大麦种植面积为 21.3 万公顷，单产为每 667 平方米 100 千克；1998～2000 年，平均大麦种植面积减少到 0.8 万公顷，单产为每 667 平方米 81 千克。20 世纪 80 年代初，全国大麦面积约为 333 万公顷，总产量 650～750 万吨，单产提高到每 667 平方米 140 千克。目前我国大麦年总产量已超过 800 万吨。江苏、浙江是我国大麦主产区和啤酒工业原料基地。江苏 1989 年种植面积为 53.3 万公顷，总产量 300 多万吨；浙江 1986 年种植面积为 29.3 万公顷，总产量 70 万吨以上。

我国大麦平均单产为每 667 平方米 147 千克，江苏、上海、浙江超过 200 千克，西藏、安徽、北京、甘肃、青海等省、市、自治区单产也比较高。小面积高产纪录都出现在青藏高原。1978 年青海省西宁市刘家寨乡西北园青稞高产纪录是每 667 平方米 673 千克；西藏日喀则农科所在 1979 年、1980 年和 1982 年分别创造了每 667 平方米 612 千克，635 千克和 802 千克的最高纪录。

二、大麦生产的发展趋势

(一)在改善作物种植结构中发展

大麦生育期短。我国冬大麦一般的生育期为 160～250 天，春大麦为 75～110 天，比冬小麦早收 7～15 天，尤其具有晚播早熟的特点。在多熟制地区的调整种植结构、改革种植制度、提高复种指数中有着不可替代的作用，在高寒地区、盐碱地区以及干旱半干旱地区更适宜发展大麦。上海市在 20 世纪的 50 年代、60 年代和 80 年代经过几次大范围的种植制度改革，每次改革都为发展大麦生产提供了良好的机遇。大麦在多熟制地区被当作早熟茬口而利用，而在高寒地区又被当作早熟保收的抗灾作物。大麦耐瘠抗旱，在旱坡丘陵地区有一定发展优势。1984 年和 1985 年，四川省部分地区遭受严重旱灾,全省冬小麦减产 2.34%,而大麦反而增产 5.7%,充分说明大麦有较强的抗灾能力。河南省有人做过调查,种大麦比种其他谷物投资少、收益高、后效好。种大麦比种小麦每公顷少投资肥料款 180~225 元,多收入 225~300 元。大麦在轮作中是个好茬口。大麦茬花生比小麦茬花生每 667 平方米增产 35~50 千克,增收 70~100 元;大麦茬芝麻比小麦茬芝麻每 667 平方米增产 20 千克;大麦茬玉米比小麦茬玉米每 667 平方米增产 60~75 千克。

(二)在为人们提供多样化食品中发展

大麦籽粒中含蛋白质 7%~14%,脂肪 1.2%~2%,淀粉 46%~48%,赖氨酸 0.4%~0.63%,含维生素 B_1 5 毫克/千克,维生素 B_2 2 毫克/千克,维生素 E 36 毫克/千克。各种矿物质含量也比较丰富。据分析,含钠 0.02%~0.06%,钾 0.46%~0.56%,铁 86~110 毫克/千克,铜 19.6~28 毫克/千克,锌 38.2~56.4 毫克/千克,硒 0.16~0.35 毫克/千克。对人体代谢影响较大的维生素 E 和硒的含量明显高于其他谷物。青藏高原地区特殊的生态环境不大适宜种植其他谷物,青稞是主要粮食,今后这一地区的大麦生产也不会有多大萎缩。以食用大米、小麦为主的地区,为了适应人们食物多样化的要求,市场对大麦仍有一定量的需求。当然,除青藏高原之外,从全国范围来看,大麦的食用价值已基本丧失,食用大麦没有多大发展前途。

(三)在提供啤酒工业原料中发展

大麦是生产啤酒的基本原料,1 千克大麦可生产 0.7~0.8 千克麦芽,能制成 5~6 千克啤酒。我国是世界上仅次于美国的第二大啤酒生产国,同时又是世界上最大的啤酒大麦进口国。据报道,目前全国有 550 多家啤酒企业,年生产啤酒 2 000 多万吨(1999

年)，每年需啤酒大麦400多万吨。非常遗憾的是，我国所需的一半以上的啤酒大麦原料依赖从国外进口。澳大利亚、加拿大、美国、法国等国大麦生产发达，品种改良较快，政府采取补贴的方式鼓励农场主向中国出口啤酒大麦，抢占中国市场。我国南方各省的啤酒生产量大，但80%的原料靠进口。黑龙江啤酒大麦原料自给率也只有20%。内蒙古年产啤酒40多万吨，需8万吨啤酒大麦，70%靠进口，另外30%还是来自甘肃、宁夏、江苏等地。近年来我国啤酒消费每年以15%以上速度递增，原料缺口越来越大。进口大麦比国产优质大麦每吨价格高100~200元，仅此一项每年就要消耗大量外汇。2002年底，澳洲啤酒大麦到岸价已涨到每吨245美元，比年初上涨80%，对我国啤酒工业影响很大。其实，啤酒大麦原料问题早已引起国内有关方面重视。如山东省1986年推广种植啤酒大麦5 333公顷，1987年扩大到9 333公顷，1988年上升到20 000公顷，1989年达到40 000公顷。许多啤酒企业也在当地建立原料生产基地。由此看来，我国啤酒大麦确实有较大的发展空间。

(四)在扩大畜禽饲料种类中发展

世界大麦总产量的70%~80%用于饲料，其茎叶又是优质饲草，可以青贮、青饲或制作干草。大麦籽粒的营养价值，除对单胃动物的能值比号称“饲料之王”的玉米略低外，蛋白质含量大大高于玉米，可消化蛋白质比玉米高18%。所含20种氨基酸中有18种高于玉米，其中赖氨酸含量比玉米高1.7倍，色氨酸高2.3倍，特别是对畜禽生长发育有较大影响的烟酸含量高于玉米2.1倍。用大麦喂猪，瘦肉多，肉质好。浙江生产的著名金华火腿所用肉猪，其饲料中的大麦比例就比较高。中国农业科学院畜牧研究所研制的瘦肉型猪饲料配方中，大麦占饲料日粮组成的23%~30%。这种饲料可提高饲料报酬20%~30%，同时能够缩短育肥时间，提高经济效益。瑞典、丹麦等国猪的配合饲料中，大麦占60%～70%。用大麦籽粒发芽制作的麦芽饲料，可为畜禽提供更多的维生素A，维生素B和维生素C等，对保证畜禽的正常发育和提高生殖能力有一定作用。冬季给家禽加喂大麦芽，可提高产蛋率10%～20%。由于杂交玉米产量高，所以近年来人们热衷于玉米生产而冷落了大麦。回顾上海及浙江一带多年来大麦生产的变化规律，20世纪50年代主要是食用大麦的需要，60～70年代是耕作改制、发展多熟制的需要，80年代中期以后主要是畜牧业对饲料的需要和酿造工业对原料的需求。这大体上能够反映出我国大麦生产的需求变化规律及今后的发展趋势。今后我国大麦生产的发展，除青藏高原仍以食用裸大麦为主外，长江中下游大麦主产区应恢复和发展饲用大麦和饲、啤兼用大麦，黄淮冬大麦区和春大麦区光照充足，昼夜温差较大，有利于发展啤酒大麦和饲用大麦。

(五)在综合利用和深度开发中发展

大麦在传统酿造工业和医药工业上有广泛用途。在酿制白酒和制醋工业中，大麦是制曲的原料。利用大麦还可生产酒精、麦芽糖、糊精等。在医药工业中用大麦生产酵母、核苷酸、乳酸钙等。大麦可以入中药，有健胃消食的作用，焦麦芽具有清暑祛湿、解渴生津的作用。从大麦中提取的β-葡聚糖，具有免疫功能，国外已把它作为一种抗癌药物，价格十分昂贵，每克14 400元(1996年价)。大麦中含β-葡聚糖4%～6%。我国已经能够在实验室制取，但尚未在医药上应用。只有搞好大麦的综合利用和深度开发，才能提高经济效益，进一步拉动大麦生产。

三、大麦良种的增产作用及对良种的要求

(一)大麦良种的增产作用

同其他任何农作物一样,选用大麦的优良品种是增产的关键措施。青海省1985年大麦播种面积比1949年虽然有所减少,但是总产量却比1949年增加了117.22%,达到了16.42万吨,其原因就是由于单位面积产量比1949年提高了124.3%。单产提高的原因,主要是良种起了主导作用。20世纪50年代初期,全部为当地农家品种,混杂退化十分严重,每667平方米平均产量仅55~70千克。50年代中期到60年代末,推广优良农家品种白浪散、白六棱等,单产达到每667平方米108千克。70年代到80年代,普遍推广新育成的优良品种,全省平均单产上升15%以上,高产田块达到每667平方米500千克。湖南省1991~1997年推广本省育成的大麦良种,累计增产4 443.2万千克,同时带动全省大麦种植面积增加了70.5%。

(二)对大麦良种的要求

对不同类型、不同用途大麦优良品种的要求不同。对食用和饲用大麦,要求籽粒产量高,比原有推广种增产10%以上,籽粒品质优良,蛋白质和赖氨酸含量高,适口性好,抗病性强。大麦病害很多,主要有黄花叶病、条纹花叶病、赤霉病、白粉病等,应根据当地病害发生特点,对良种提出特定的要求。对于青饲青贮用的品种,要求生长发育快,茎叶繁茂,茎秆坚硬抗倒伏,产草量高,抗病性强,适应性广。

不同地区对良种的要求也不尽相同。例如京、津、冀冬大麦区,要求每667平方米产量500~550千克,生育期210~220天,早

熟，冬性或半冬性的耐干旱、抗条纹病的品种；京、津、唐早熟大麦区，对良种的要求是，每667平方米产量350～400千克，春播生育期70～75天，早熟，春性，耐干旱，抗条纹病；坝上春大麦区要求每667平方米产量200～400千克，生育期80～90天，中熟，苗期耐干旱，灌浆期耐低温，灌浆速度快，抗条纹病的品种。

对啤酒大麦优良品种，要求早熟，丰产，抗逆性强，籽粒饱满均匀，色泽鲜艳淡黄，稃壳薄，发芽率高，蛋白质含量适中。表2-1是国家标准局颁布的GB 7416—87啤酒大麦质量标准。这虽然是高品质大麦的质量标准，不是针对优良品种而言的，但良种绝不应当低于这些规定要求。

表2-1　中国啤酒大麦质量标准

项　目		等　级		
		优　级	一　级	二　级
外　观		淡黄色，具有光泽，无病斑粒，无霉味和其他异味	淡黄色或黄色，稍有光泽，无病斑粒，无霉味和其他异味	黄色，无病斑粒，无霉味和其他异味
夹杂物(%)≤		1.0	1.5	2.0
破损率(%)≤		0.5	1.0	2.0
水　分(%)≤		13.0	13.0	13.0
发芽率(%)≥		97.0	95.0	90.0
发芽势(%)≥		92.0	90.0	85.0
千粒重(克)≥	二棱	42.0	38.0	36.0
	多棱	40.0	35.0	30.0
蛋白质(%)≤	二棱	12.0	12.5	13.5
	多棱	12.5	13.5	14.0
浸出物(%)≥	二棱	80.0	76.0	74.0
	多棱	76.0	72.0	70.0
选粒试验(直径2.5毫米以上，%)	二棱	80.0	75.0	70.0
	多棱	75.0	70.0	65.0

(三)大麦良种种子的质量标准

根据国家标准局颁布的GB 4404.1—1996,对大麦种子质量标准的规定是:皮大麦、裸大麦的原种纯度不低于99.9%,良种纯度不低于99%。原种和良种的净度不低于98%,发芽率不低于85%,水分不高于13%。

四、大麦的生态区划及引种规律

(一)大麦的生态区划

了解大麦生态区划,对大麦的引种工作至关重要。划分大麦生态区有几种方法。现将中国农业科学院品种资源研究所主持的一项全国性研究提出的区划方法介绍于下:

1. 裸大麦区　或称青藏高原裸大麦区,包括西藏、青海、甘肃的甘南藏族自治州、四川的阿坝和甘孜藏族自治州、云南的迪庆藏族自治州。以种植多棱大麦为主,品种绝大多数为春性,少数为半冬性。

2. 春大麦区

(1)东北平原春大麦区　包括黑龙江、吉林、辽宁(南部沿海地区除外)、内蒙古的呼伦贝尔盟、兴安盟和通辽市。以春播皮大麦为主,品种为春性。

(2)晋、冀北部春大麦区　包括河北石德线以北地区、山西晋城及临汾以北地区、辽宁的沿海地区。品种为春性。

(3)内蒙古高原春大麦区　包括内蒙古中西部和河北的坝上、承德地区。以种植中熟、晚熟皮大麦为主,品种为春性。

(4)西北春大麦区　包括宁夏全区、陕西北部、甘肃天水以西到嘉峪关以东地区。以多棱稀穗品种为主,多属春性。

(5)新疆干旱荒漠春大麦区　包括新疆、甘肃定西地区。种植春性品种。

3. 冬大麦区

(1)黄淮冬大麦区　包括山东、江苏北部、安徽淮河以北、河北石德线以南、除信阳地区之外的河南全部、山西临汾以南、陕西安塞以南及关中地区、甘肃陇东和陇南地区。当地品种多为半冬性、冬性。

(2)秦巴山地冬大麦区　包括陕西西南部、四川广元和南江、甘肃武都部分地区。以多棱大麦为主,皮、裸大麦皆有,品种属半冬性或春性。

(3)长江中下游冬大麦区　包括江苏苏北总灌区以南、上海市、除温州地区之外的浙江全部、除湘西之外的湖南全部、湖北、除赣南地区之外的江西全部。是我国大麦主产区,播种面积占全国1/2以上,总产量占全国2/3。种植的大麦品种多属半冬性,少数为春性和冬性。

(4)四川盆地冬大麦区　除广元、南江、阿坝、甘孜、凉山之外的四川全省。当地皮大麦以二棱春性品种为主,裸大麦以多棱半冬性品种为主。

(5)西南高原冬大麦区　包括贵州、除迪庆之外的云南全部、四川的凉山彝族自治州、湖南湘西土家族苗族自治州。云南品种多属春性,贵州品种多为半冬性。

(6)华南冬大麦区　包括福建、广东、广西、台湾、浙江的温州地区、江西的赣南地区。种植品种多为春性。

(二)大麦的引种规律

一般来说,按照上述生态区划,在同一地区或生态条件相似的相邻地区相互引种,比较容易成功。但各生态区内不同地区之间纬度、海拔高度相差很大,例如青藏高原裸大麦区,南北地跨10个纬度,海拔从1 800米到3 000多米,最高4 750米。长江中下游冬大麦区大部分地区海拔在100米以下,而丘陵山地海拔在300~700米之间。所以引种时仍需注意品种原产地的纬度、海拔等基本情况,了解品种是春性、冬性,还是半冬性。

大麦是长日照作物,将原产于高纬度地区的品种引到低纬度地区(即从北往南)种植,茎叶徒长,生育期延长,甚至不能正常成熟。从低纬度地区往高纬度地区(即从南往北)种植,满足大麦长日照的需求,生育期缩短,提早成熟,产量降低。

这是一般而言,并不是说所有的品种都必须严格按照生态区划去引种,例如从日本引进的二棱皮大麦早熟3号,是一个很好的啤酒大麦品种,适应性比较强,在我国南北方不同生态区的许多地方都能栽培。现根据各地的试验结果,介绍一些地区的具体经验。

长江中下游地区的春性品种在同纬度间引种成功率最大。上海的育成品种、农家品种,在长江中下游地区种植最为适宜,范围是北纬30°12′~33°51′,东经100°~120°。

华南冬大麦区的春性品种,呈极早熟类型,引种到其他生态区后,抗寒力弱,幼穗分化和发育加快,经济性状差。

黄淮冬大麦区的冬性品种引种到春大麦区和低纬度冬大麦区,绝大多数不能正常抽穗、成熟;黄淮冬大麦区的半冬性品种在各生态区种植,一般都能抽穗、成熟。

内蒙古的品种适应高纬度、高海拔地区种植,在低纬度、低海拔地区发育迟缓,成熟期延迟。一般春性品种引进内蒙古后能够正常抽穗成熟,多数冬性品种不适应在内蒙古种植。

春大麦区、裸大麦区的品种引种到宁夏容易成功,黄河中下游地区的冬性、半冬性品种不宜在宁夏引种。

五、大麦的优良品种

(一)吉啤1号

品种来源 吉林省农业科学院作物育种研究所大麦室培育的大麦新品种。

特征特性 吉啤1号属春性,在吉林省公主岭市生育期82天左右。株高95~100厘米,分蘖力弱,株型紧凑。成穗率中等,每穗粒数34~42粒,千粒重37.3~41.2克,籽粒短圆。颖壳率8.5%,淀粉含量60.2%,籽粒蛋白质含量12.2%。浸出物79.5%,麦芽蛋白质含量12%。粘度1.404毫帕·秒,最终发酵度为81%,库尔巴哈值45.2%,糖化力410 WK,α-氨基氮171毫克/100克,达到国家标准局规定的一级啤酒大麦标准。该品种对氮肥反应敏感。根系发达,茎秆弹性好,抗倒伏力强,抗穗发芽,抗白粉病,耐条纹病。主要缺点是成熟过度易断芒落粒。

产量表现 在吉林省区域试验中,平均每667平方米产量为233千克,生产试验平均245千克,最高单产408千克。

栽培要点 在吉林省公主岭地区,一般4月中旬播种,4月下旬出苗,7月中旬成熟。播前施足基肥,以农家肥为主,每667平方米播种量20千克左右。由于吉啤1号有落粒性,所以要及时收获,在蜡熟中期至末期为最佳收获期。

适应地区 适宜在吉林省中部及西部、黑龙江省东部及西部、内蒙古西部、甘肃河西走廊、青海柴达木盆地、云南高原地区种植。

联系单位 邮编:136100,吉林省公主岭市,吉林省农业科学院作物育种研究所大麦室。

(二)辽啤1号

品种来源 辽宁省农业科学院培育成的春性二棱啤酒大麦新品种。已通过辽宁省农作物品种审定委员会审定,准予推广、开发。

特征特性 在辽宁省沈阳地区生育期71天左右。幼苗直立,株高71厘米,株型收敛,茎秆强壮,富有韧性。穗长6.2厘米,每穗粒数19.2粒,千粒重49.1克,粒大皮薄。经品质检测,其主要酿造质量指标都已超过一级质量标准,被认定为优良品种。该品种抗倒伏、耐盐碱、耐瘠薄、感病轻。由于生育期短,6月中旬可以成熟,可与多种粮食作物、油料作物、蔬菜等进行间、混、套种或复种。

栽培要点 ①精选种子。播前进行风选、筛选和晾晒种子,使种子净度达到98%,纯度达到100%,发芽率在96%以上。②适时早播。在辽沈地区,2月下旬至3月上旬播种,最迟不得晚于3月20日。③合理密植。每667平方米播种量20~21千克,留苗30万株左右。④合理施肥。每667平方米施农家肥3 000千克做底肥,种肥施尿素3~5千克,磷酸二铵15~20千克,硫酸钾10千克。⑤及时防治病虫害,人工除草和化学除草相结合。大麦在蜡熟中期至末期为最佳收获期。

适应地区 适宜在我国的东北、华北、西北、华中和华东地区种植,在盐碱地、河滩地、低洼地和水改旱地均能种植。

联系单位 邮编:110161,辽宁省沈阳市,辽宁省农业科学院作物育种研究所。

(三)菲特2·10啤

品种来源 1980年从美国引入,经中国农业科学院作物品种资源研究所筛选、培育而成。1988年通过北京市农作物品种审定委员会审定。

特征特性 在北京地区生育期75天左右,属春性。株高85厘米左右。颖壳率10.7%,蛋白质含量10.9%,浸出物78.42%,是品质较好的啤酒大麦新品种。该品种早熟,抗干热风,生育期间能忍耐37℃高温。青秆黄熟,落黄好。

产量表现 一般每667平方米平均产量275~300千克,高者可达400千克。

栽培要点 适时播种,施足基肥,在肥力较高地块每667平方米基本留苗12万株左右。播前种子用硫酸亚铁处理,可防治大麦条纹病。

适应地区 适宜在北京市、天津市,河北省石家庄以北、张家口坝上以南以及山西省晋中地区种植。

联系单位 邮编:100081,北京市中关村南大街12号,中国农业科学院作物品种资源研究所。

(四)金川3号

品种来源 内蒙古自治区巴彦淖尔盟农业科学研究所1988~1993年从引进大麦品种中经系统选育而成。1994年1月经内蒙古自治区农作物品种审定委员会审定,成为巴盟的啤酒大麦主推品种。

特征特性 在内蒙古自治区巴彦淖尔盟地区生育期84~96天,属矮秆大粒中熟品种。幼苗生长缓慢,叶色深绿,株高55.5~90.3厘米,分蘖力和自身调节力强。穗呈二棱,长芒有齿,成穗率高,有效分蘖1.3~3.4个,穗长5~7.6厘米,穗粒数19.03~23.4粒,千粒重46~55.1克。籽粒含蛋白质10.9%,淀粉65.18%,浸出物79.93%。发芽势98%,发芽率98.6%。该品种综合性状好,抗逆性强,品质优良,产量高,是啤酒工业的优质原料。

产量表现 1991年和1992年在内蒙古自治区巴彦淖尔盟11

个点(次)进行区域试验,产量居第一位,每667平方米平均产量为425.4千克,比对照农牧36号增产10.9%。1992年和1993年参加全盟多点生产示范试验,平均单产为411.6千克,比对照品种农牧36号增产12.6%。

栽培要点 在巴彦淖尔盟种植,3月中旬播种,每667平方米施种肥磷酸二铵12.5千克,尿素4千克。中等肥力土壤每667平方米播种量为25万粒,肥力较低的土壤播种量为30万粒,肥力较高的土壤播种量20万粒。平均播种量为10~12.5千克。灌第一次水时每667平方米追施尿素12.5千克。在生育期间灌2~3次水,孕穗期和灌浆期灌水能增加大麦产量。成熟后及时收获。

适应地区 适宜在巴彦淖尔盟的中等肥力、中度或轻度盐碱地(土壤耕层含全盐在0.5%以下)种植。

联系单位 邮编:015400,内蒙古自治区杭锦后旗,内蒙古自治区巴彦淖尔盟农业科学研究所。

(五)甘啤2号

品种来源 甘肃省农业科学院粮食作物研究所从墨西哥玉米改良中心引进的F_1材料,经历年株系选择培育而成。1997年7月通过甘肃省科委组织的技术鉴定,1998年通过甘肃省农作物品种审定委员会审定并命名。

特征特性 在甘肃省表现早熟,生育期90~95天。幼苗直立,叶耳紫色。株高70厘米左右,茎秆黄色,地上5节,茎粗中等,基部节间短。叶片开张,穗层透光好。穗全抽出,闭颖授粉。穗长方形,灌浆后期下垂弯曲,穗长5~7厘米。疏穗二棱,有侧小穗,单穗粒数18~22粒,一般有效分蘖2~2.5个,穗粒重0.92~1克,千粒重43~44克。甘啤2号属二棱弯穗变种,芒长、有锯齿。籽粒黄色,种皮薄,粒椭圆形、粉质。经中国食品发酵工业研究所分析,籽粒蛋白质含量11.8%,发芽势和发芽率分别为99.6%和

99.7%。2.5毫米筛选率99.1%,麦芽蛋白质含量10.74%,浸出物82.03%,可溶性氮8.1克/千克,α-氨基氮190毫克/100克,库尔巴哈值47.24%,糖化力417.4 WK,原麦和麦芽品质均达到国家优级标准。该品种抗倒伏能力很强,抗大麦条锈病、根腐病等。

产量表现 1994年在品种比较试验中,每667平方米平均产量为558.3千克,较对照品种增产52%。1995年参加全省啤酒大麦产区6个点试验,增产率3.5%~31.6%,减产率4.6%~6.76%(2个点减产)。1996年生产对比试验,平均单产为528.9千克,较对照品种增产11.21%。

栽培要点 甘啤2号栽培措施应以“早”字当头,以促为主。①施足底肥,早追肥。除施农家肥外,应以氮、磷配合的化肥做基肥,1次性施入。一般情况下不必追肥。若苗期出现缺肥现象,可结合灌水追施速效氮,一般每667平方米施硝酸铵3~4千克。②适时早播。在海拔2000米以下地区,在3月上旬播种为宜,播量为每667平方米10~15千克。③早灌头水。可在大麦2叶1心至3叶1心期浇灌头水,以促进分蘖和增加粒数。④防治大麦条纹病可用25%粉锈宁或12.5%速保利可湿性粉剂湿拌种子。⑤及时除草。大麦成熟后应在天气晴朗时收获,并尽快晾晒、脱粒。

适应地区 适宜在甘肃省河西走廊南部地区和沿黄灌区种植。既可单种,也可套种或复种。

联系单位 邮编:730070,甘肃省兰州市,甘肃省农业科学院粮食作物研究所。

(六)甘啤3号

品种来源 甘肃省农业科学院粮食作物研究所大麦育种课题组于1987年以S-3为母本、法瓦维特为父本配制杂交组合,1989~1993年进行连续选择育成。1999年12月通过甘肃省农作物品种审定委员会审定并命名。

特征特性 在甘肃兰州地区生育期98天左右,属中熟品种。幼苗半匍匐。株高70～80厘米,茎秆黄色,地上节5节左右。穗茎节较长,弹性好。叶片较开张、深绿色,冠层透光好。穗全抽出,闭颖授粉。穗长方形,穗层整齐,穗长8～8.2厘米,疏穗型,二棱,有侧小穗,单穗粒数21～24个,分蘖3个左右,穗长芒、有锯齿。籽粒黄色、椭圆形、饱满、粉质,种皮薄,千粒重48克左右。据中国食品发酵工业研究所测定,籽粒含蛋白质10.4%,浸出物81.98%,α-氨基氮163.89毫克/100克,库尔巴哈值为40.19%,糖化力225.6 WK,各项指标达到国家优级或一级指标要求。该品种抗倒伏能力强,抗大麦条纹病和其他病害。

产量表现 1995年和1996年在品种比较试验中,分别比对照品种法瓦维特增产12.5%和13.58%。1995～1997年参加全省21点(次)的多点试验中,每667平方米平均产量为491.4千克,较对照品种增产7.6%,居参试品种的第一位。历年试验表现高产、稳产。在大面积生产试验中,平均单产为475～554.3千克。

栽培要点 ①适时早播。在甘肃省河西走廊和引黄灌区,一般在3月中旬播种。②合理密植。播种量每667平方米12～15千克。③施足底肥。以农家肥为主,增施磷、钾肥,控制氮肥,以保证酿造质量。④早浇头水。可在大麦2叶1心至3叶1心期浇灌头水。⑤防治大麦条纹病。播前用25%的粉锈宁或15%速保利或15%羟锈宁,按种子量的0.1%～0.3%拌种。⑥及时除草,适时收获。

适应地区 适宜在甘肃省的河西走廊及引黄灌区种植,特别适宜在河西走廊海拔1700～2000米的冷凉灌区种植。

联系单位 同甘啤2号。

(七)甘啤4号

品种来源 甘肃省农业科学院粮食作物研究所1988年以法

瓦维特为母本、八农862659为父本配制杂交组合,连续10多年培育而成。2002年7月通过甘肃省科技厅主持的技术鉴定。

特征特性 甘啤4号为二棱皮大麦,生育期100~105天,属中熟品种。幼苗半匍匐。株高75~80厘米,茎秆黄色,地上茎5节。叶片开张角度大,叶色深绿。抽穗时株型松紧中等。穗长方形,闭颖授粉。穗层整齐,穗长8.5~9厘米,疏穗型,长芒。穗粒数22粒左右,千粒重45~48克。籽粒淡黄色,种皮薄。经全国麦芽质量检测中心等单位检测分析,籽粒蛋白质11.76%,浸出物80%,α-氨基氮156.3毫克/100克,库尔巴哈值39.4%,糖化力967.6 WK,各项酿造指标均达到或超过国家优级标准。甘啤4号茎秆较粗壮,高抗倒伏,抗干热风,抗大麦条纹病。

产量表现 1997年在品系比较试验中,每667平方米平均产量为577.8千克,比对照法瓦维特品种增产3.91%。1998年在品系比较试验中,平均单产为590.96千克,比对照品种增产6.64%。1999~2001年参加甘肃省啤酒大麦新品种联合区试,16点(次)平均单产527.76千克,比对照品种增产11.3%。大面积示范,平均单产为450千克,具有较好的丰产性和稳产性。

栽培要点 ①适期早播。在海拔1500米以下地区应于3月上旬播种,在海拔1500~2000米地区应于3月中旬播种为宜,在海拔2000米以上地区可在3月下旬播种。一般在土壤解冻10厘米左右时即可顶凌播种。②合理密植。每667平方米播种量为12.5~17.5千克,嘉峪关以西地区可适当增加播量。③施足底肥。每667平方米施农家肥2000千克,化肥纯氮8~10千克,五氧化二磷9~12千克。化肥做底肥1次性施入,不提倡追肥,以利于控制蛋白质含量。④防治大麦条纹病。播前用15%的速保利可湿性粉剂或15%羟锈宁可湿性粉剂,按种子量的0.1%~0.3%拌种。⑤田间管理。有条件时在大麦2叶1心至3叶1心期浇第一遍水。要十分注意防止品种混杂和防除杂草,以保证啤酒原料大麦的纯度、净度。⑥及时收获，防止雨淋受潮，以保证大麦籽粒质量。

适应地区 适宜在甘肃省河西走廊及中部沿黄灌区种植，也适宜在西北地区环境相似的地方种植。

联系单位 同甘啤2号。

（八）98-003

品种来源 由甘肃省农垦农业研究院啤酒原料作物研究所从国外引进的啤酒大麦中，经7年系统选择培育而成。2001年6月通过专家技术鉴定验收。

特征特性 在甘肃省生育期102天左右，属春性早熟品种，为二棱皮大麦。幼苗半匍匐，苗期生长发育慢，后期生长势强。叶色深绿，叶耳白色。株高70.5～77.2厘米，茎秆黄色，地上节4～5节，基部节间短，穗下节长19.5～24.1厘米，弹性好。叶片张开度大，冠层透光好。株型紧凑。穗全抽出，开颖授粉。穗长方形，穗脖短，穗层整齐，穗长8.1～8.6厘米。大穗疏穗型，为二棱型，有侧小穗。穗粒数21～26粒，有效分蘖2.2～3.2个，分蘖力强。成穗率高。芒黄色，属长芒型。籽粒椭圆形、黄色、饱满、半硬质，皮薄有光泽。千粒重43.7～47.3克。经保定欧麦八达麦芽有限公司分析，籽粒含蛋白质11.3%，发芽势99%，发芽率98.8%，麦芽含蛋白质11.6%，浸出物79%，α-氨基氮124.7毫克/100克，粘度1.49毫帕·秒，色度(EBC)3.2，各项指标均达到国家优级或一级标准。该品种经鉴定大麦条纹病发病率在5%以下，对网斑病和胡麻斑病、白粉病、锈病和黑穗病免疫。抗旱，抗倒伏，抗干热风。

产量表现 1999年和2000年参加品种比较试验，折合产量每667平方米409.5千克，较对照品种增产6.3%，产量居第一位。在甘肃省第四届啤酒大麦联合区试中，平均单产430.16千克，比对照高5.8%。居参试品种第二位。

栽培要点 ①适时早播。在甘肃省于3月上中旬播种为宜。②合理密植。应掌握肥地宜稀、旱地适当密植的原则，一般每667平方米播种量12.5~17千克，留苗20万~22万株。③科学施肥。重施农家肥做基肥，氮、磷肥配合。每667平方米施农家肥1 500~2 500千克。化肥施用量为纯氮10~12千克，纯磷5~8千克，纯钾6~8千克，最好做种肥1次施入。或60%做基肥，40%做追肥。④药剂拌种。播前必须用药剂处理种子，或拌种或种子包衣，以防止病虫害发生与蔓延。⑤及时除草、灌头水。在有条件的地方于大麦3叶1心期灌头水为宜，全生育期灌3~4次水。大麦成熟后，在天气晴朗、无露水时及时收获、脱粒、充分晾晒，以免受潮霉变，影响籽粒酿造品质。

适应地区 适宜在甘肃省河西走廊海拔1 100~2 800米的广大地区及沿黄灌区种植，也适宜我国北方春大麦区种植。

联系单位 邮编:730000，甘肃省农垦农业研究院啤酒原料作物研究所。

（九）驻大麦3号

品种来源 河南省驻马店市农业科学研究所以驻8909为母本、TG_4为父本进行杂交，经多年选择培育而成。2001年8月通过河南省农作物品种审定委员会审定。省内外示范面积达3.3万公顷。

特征特性 在河南省驻马店地区生育期200天左右。株型紧凑，叶片上举，通风透光好。分蘖力强，达6个以上。成穗率高，达63.7%。穗层整齐，穗长7.3~8.5厘米。穗下节与芒较长，穗下节长37.5厘米。芒长15厘米。单穗粒数27~30粒。经品质分析，籽粒蛋白质10.3%~11.6%，千粒重40.2~40.7克，发芽率、发芽势均达99%~100%。籽粒大而均匀，淡黄色，有光泽。浸出物79%~80%。其理化性状符合优质啤酒大麦标准。该品种耐寒性好,耐湿性强,抗倒伏,高抗锈病、白粉病、条纹病和赤霉病,是一个适应性广、抗逆性强的品种。

产量表现 在中上等肥力的土壤上,一般每667平方米产量为400千克。参加河南省4年28个点(次)的区域试验,平均单产388.3千克,比对照品种豫大麦2号增产9.05%。

栽培要点 施足农家肥,每667平方米施磷酸二铵13~14千克,尿素8~8.5千克,氯化钾10~12千克。在河南省驻马店地区10月21日至11月5日播种为宜,在适宜播期内提早播种,可提高品质。一般每667平方米播种量6~6.5千克,留苗12万~13万株。播种前用多菌灵和辛硫磷拌种,以防黑穗病和地下害虫。11月下旬至12月上旬每667平方米用杜邦巨星1~1.5千克化学除草1次。适时收获,边收边晒。

适应地区 适宜在河南、湖北、安徽等省种植。

联系单位 邮编:463000,河南省驻马店市农业科学研究所。

(十)华大2号

品种来源 华中农业大学农学系用川裸1号大麦经系统选育而成。2001年8月由湖北省农作物品种审定委员会审定并命名。

特征特性 在武汉地区生育期174天左右。为二棱春性皮大麦,侧穗退化完全。苗期叶片深绿色,幼苗半匍匐。株高85厘米,株型紧凑。剑叶窄而上冲,半矮秆,叶11片左右。分蘖力强,成穗率高,成株蜡粉多。茎秆韧性好。芒长、齿芒,外颖绿色。长方形穗,成熟时穗呈“S”状,穗长7厘米左右,主穗小穗数30~32个,每穗22.5粒,籽粒黄色、粉质,千粒重42~48克。经湖北省啤酒学校测定品质,籽粒蛋白质11%,浸出物78.3%,2.5毫米以上籽粒比例97.9%,发芽率多年测定在95%以上。各项品质指标均达到或超过国家指标。该品种抗倒伏,抗“三锈”、白粉病、赤霉病和黑穗病等主要病害。

产量表现 1996年和1997年参加湖北省区域试验,7个点每667平方米平均产量为415.7千克,比对照品种鄂啤2号减产1.7%。在襄北农场区试,最高单产632.8千克,创湖北省大麦区高产纪录,比对照鄂啤2号增产12.3%。1999年进行生产示范,平均单产357千克,比鄂啤2号增产10%以上。

栽培要点 ①适时播种。在鄂北10月下旬播种较适宜,早播可提前在10月中旬,晚播可到11月中旬。在鄂东南、江汉平原10月底至立冬均为适宜播期。每667平方米播种量10千克左右,保证基本苗12万~15万株。②合理施肥。一般每667平方米施纯氮5~10千克,五氧化二磷4~6千克,氧化钾4~6千克,以底肥为主。③加强田间管理。鄂东南、江汉平原大麦产区要注意防渍控草。适时收获,及时脱粒干燥。

适应地区 适应性广,适宜在湖北省各大麦区以及四川、江苏、湖南、安徽等省种植,可广泛用于冬闲田、滩涂地开发利用。

联系单位 邮编:430070,湖北省武汉市,华中农业大学农学系。

(十一)鄂大麦6号

品种来源 湖北省农业科学院作物育种研究所以日本皮穗波为母本、秀80-17为父本进行杂交,经系谱法选育而成。1997年7月通过湖北省农作物品种审定委员会审定,命名为鄂大麦6号。

特征特性 在湖北省武汉地区生育期175天左右,属半冬偏春性二棱皮麦。植株矮,株高80~85厘米。千粒重高达45~50克。分蘖力强,每667平方米平均有效分蘖50万个。穗粒数23粒,穗长8厘米。籽粒大、饱满、整齐,籽粒淡黄色,有光泽和香味。经农业部谷物品质监督检验测试中心分析,该品种千粒重50.3克,发芽势95%,发芽率97%,浸出物76%,蛋白质10.14%。糖化力310 WK,粘度2.4毫帕·秒,α-氨基氮185毫克/100克。外观品质和理化品质均达一级啤酒大麦标准。鄂大麦 6 号轻感白粉病。

产量表现　1992 年参加湖北省区试预备试验,平均单产 305.7 千克,比对照品种增产 3%。1993 年和 1994 年参加本省区域试验,平均单产 332.4 千克,比对照增产 2%,最高单产达 593.6 千克。1995 年在本省东西湖区生产示范 40 公顷,每 667 平方米平均产量为 350 千克。历年表现高产、稳产。

栽培要点　①适时早播。在鄂中南地区 11 月初为播种最佳期,在鄂北地区 10 月下旬为宜。②合理密植。上等肥力和早茬口地每 667 平方米基本苗 13 万株左右,中上等肥力地基本苗 15 万株,三等地力或晚茬口地基本苗 20 万株。③科学施肥。试验表明,单产 400 千克的大麦,需纯氮 13.8 千克,速效磷 9.6 千克。施肥应根据土壤的地力不同酌情增减。氮肥 80% 做底肥,在麦苗 3~4 叶期每 667 平方米追施尿素 5 千克。④及时进行田间管理,播前用大麦青或多菌灵拌种。江苏镇江产的 35% 大麦青 3 号可湿性粉剂对防治大麦病害效果好。在大麦抽穗期,用 25% 粉锈宁可湿性粉剂 150 克对水 40 升,喷雾 1~2 次防治白粉病。

适应地区　适宜在湖北省大麦产区种植。

联系单位　邮编:430064,湖北省武汉市,湖北省农业科学院作物育种研究所。

(十二)鄂大麦 8 号(52334)

品种来源　湖北省农业科学院以 82-F 39 为母本、80435X 鄂啤 2 号为父本进行杂交,经系统选育而成。1999 年 4 月通过湖北省农作物品种审定委员会审定。

特征特性　在湖北省武汉市生育期 175 天左右。株型半紧凑,株高 95~100 厘米。叶绿色,叶片 11~12 个,叶耳白色,剑叶宽大上举,冠层透光性好。穗大粒多,穗长方形、长芒。穗粒数 25 粒,籽粒饱满均匀,千粒重 43~47 克。鄂大麦 8 号为二棱皮大麦,半冬性。苗期生长旺盛,呈半匍匐状。分蘖力强,成穗率中等,每667平方米有效穗达40万~46.7万。并高抗赤霉病、白粉病,无网斑病、黑穗病、云纹病,轻感条纹病,抗寒、耐渍,综合抗性好。经湖北省啤酒学校检测,鄂大麦8号籽粒饱满,皮薄色淡,具有香味和光泽,外观品质好。籽粒蛋白质12.1%,切面粉状粒84%,浸出物76.5%,发芽率97.4%,发芽势92.8%,2.5毫米以上分级达85%。全部指标达到或超过国家一级啤酒大麦标准。

产量表现 1996年和1997年参加湖北省大麦区域试验,7个点每667平方米平均产量为439千克,比对照品种增产3.8%。1997年和1998年参加区试,平均单产393.4千克,比对照增产2.7%,居参试品种第一位。历年表现高产、稳产。

栽培要点 ①适时播种。在湖北省鄂中南、江汉平原大麦区最适播期为10月底至11月初,鄂北的适宜播期在10月中旬。②合理密植。一般每667平方米基本苗应达到16万株左右,在不同播期、茬口、肥力条件下,基本苗适宜范围为14万~18万株。③施肥的原则为"前促、中控、后补",以农家肥做基肥为主,追肥为辅,每667平方米一般施碳酸铵50千克,过磷酸钙50千克,在大麦3~4叶期追施尿素5~7.5千克。④播前可用1%的石灰水浸种或用大麦青拌种,防治条纹病。大麦在蜡熟末期及时收获、脱粒、晾晒,确保品质良好。

适应地区 适宜在湖北省大麦产区秋播种植。

联系单位 同鄂大麦6号。

(十三)莆大麦8号

品种来源 武汉市东西湖区农业科学研究所于1998年从福建莆田地区农科所引进。1998年和1999年参加本所评比试验,同时进行示范繁殖,表现高产、稳产、抗倒伏等优良特性。

特征特性 在武汉市种植生育期172天,为二棱皮大麦,属春性。幼苗直立，株高92厘米，茎秆较细，但弹性好。叶片较窄，共有11～12片，剑叶挺直。株型紧凑，穗层整齐。穗呈长方形、长芒，穗长5.54厘米，穗粒数21～24粒，千粒重44.52～51.91克。种子纺锤形，种皮有纺锤形紫纹，籽粒淡黄色、饱满、腹沟中等。有效穗数每667平方米39.4万，比对照多3.2万。该品种综合抗性好，对白粉病、赤霉病抗性较强，轻感条纹病，耐旱、耐湿，抗倒伏力强。

产量表现 1998年和1999年，在麦蚜大发生、黄矮病普遍存在、抽穗期间遇到6～7级大风的恶劣环境条件下，每667平方米平均产量为314.1千克，比对照鄂啤2号增产11.9%，居参试品种首位。1999年和2000年，在大麦抽穗期间遇高温、干旱等恶劣气候的条件下，平均单产高达509.7千克，比对照增产9.2%，增产显著。

栽培要点 在湖北省大麦产区适宜播期为10月下旬至11月上旬。每667平方米适宜净播种量为6.3～7.2千克，基本苗14万～16万株，有效穗数40万～50万。重施农家肥做基肥，根据苗情追肥，每667平方米施纯氮9千克。施用氮、磷、钾肥的比例为1∶0.6∶0.8。磷、钾肥100%做底肥，氮肥80%做底肥。及时进行田间管理，大麦中后期注意防治病虫害。每667平方米用15克的甲磺隆或巨星对水600升均匀喷雾，防止苗期杂草。

适应地区 适宜在福建省莆田地区及湖北省的大麦产区种植。

联系单位 邮编:430040，湖北省武汉市东西湖区农业科学研究所。

（十四）奥比黑大麦

品种来源 江苏省盐城地区麦类研究所利用单株KB麦和日本引进品种关东2条1号进行杂交，经系统选育而成。

特征特性 在江苏省盐城地区生育期204天左右。株高90厘米左右。种子皮薄、黑色,具有光泽和新鲜的麦香味。粒型长,腹沟较浅,籽粒大小均匀。含高蛋白质、高淀粉,氨基酸含量也高,营养丰富,是酿造啤酒和制作各种营养麦片的最佳原料。千粒重达58克以上。分蘖力强。

栽培要点 在江苏省盐城地区10月中旬播种。施肥原则是增施基肥,早施苗肥,补足冬肥,控制春肥。氮肥多,分蘖多,一般每667平方米施氮肥40千克左右,促进早期分蘖,控制晚期分蘖,以攻主穗为主。高产田或落黄田可在拔节初期适当追肥。

适应地区 该品种耐湿性不如小麦,一般不适于低洼地种植。如在低洼地种植,应加强排水、降渍工作。

联系单位 邮编:224000,江苏省盐城市盐城地区麦类研究所。

(十五)扬农啤2号

品种来源 江苏省扬州大学农学院大麦研究室于1990年以大麦新品种QS为母本、苏引麦2号为父本配制组合,经多年加代选育,1995年育成苏B 9607。2001年12月正式审定并命名为扬农啤2号。

特征特性 扬农啤2号为二棱皮大麦,弱春性,熟期适中,属早中熟类型。幼苗直立,株型紧凑,株高75厘米左右。叶色深绿。苗期生长繁茂,分蘖力强,成穗率高,每穗实粒数22粒左右,千粒重在42克以上。籽粒外观及啤酒用品质好。籽粒圆形、皮薄,2.5毫米筛选率86%,蛋白质含量为11.6%。据全国麦芽质量检验中心检测,浸出物72.9%,糖化力为332 WK,库尔巴哈值为38%。其主要麦芽指标均达到国家优级或一级标准。该品种抗大麦条纹病,轻感赤霉病和白粉病。穗层整齐,熟相好。耐肥、抗倒伏性强。

产量表现 1996年和1997年参加多点试验,在各点产量表现突出，平均单产 439.5 千克，比对照苏引麦 2 号增产 9.8%，达极显著水平。1997～1999 年参加江苏省大麦品种区域试验，16 个试验点均表现增产，平均单产 387.9 千克，比对照苏引麦 2 号增产 18.2%，居参试品种首位。1999 年和 2000 年参加江苏省生产试验，每 667 平方米平均产量为 404.5 千克，比对照苏引麦 2 号增产 10.38%，最高单产 411.7 千克。历年试验表现高产、稳产。

栽培要点 在江苏省苏南麦区 10 月 25 日至 11 月上旬播种；苏北麦区 10 月 20 日至 11 月初播种为宜。每 667 平方米基本苗 15 万～18 万株。迟播应适当增加基本苗数，如基本苗不足，可用重肥促冬前分蘖。合理施肥，在生育期间每 667 平方米施氮肥 15 千克，基肥、苗肥、拔节肥以 7:2:1 为宜。为防治病虫害，可进行种子包衣。生育期间防治赤霉病、白粉病、蚜虫等病虫害。当大麦穗头开始弯曲时，抢晴天收获，并及时脱粒、晾晒。

适应地区 适宜在苏北和苏南麦区以及相邻省份中高肥力水平的地区种植。

联系单位 邮编：225009，江苏省扬州大学农学院大麦研究室。

（十六）沪麦 16 号

品种来源 上海市农业科学院作物育种栽培研究所育成。江苏省启东市农业良种繁育场于 1999 年引进。

特征特性 生育期 175～185 天，属二棱春性品种。株高 95～100 厘米，冬季匍匐生长，分蘖力强，生长清秀。穗为疏穗型，每穗实粒数 23～25 粒，千粒重 43 克左右。每 667 平方米有效穗数 45 万～50 万穗。经中国食品发酵工业研究所分析测定，籽粒含蛋白质 10.57%，色度 3.13，糖化时间 10 分钟，浸出物 80.41%，α-氨基氮 256.26 毫克/100 克，库尔巴哈值 40.61%，糖化力 282.85 WK，粘度 1.47 毫帕·秒。各项指标均达到啤酒大麦的优级标准。该品种熟相好，耐渍、抗寒，高抗花叶病，赤霉病发病轻。成熟早。

产量表现 沪麦16号产量水平较高，经过江苏省启东市农业良种繁育场的引种种植，面积逐年扩大，出现了一批每667平方米平均产量为500千克的高产典型，从而总结出一套高产栽培技术。

栽培要点 ①精耕细作，做到耕层深，地面平，土壤耕层松，使土壤有足够的底墒。②播前每100千克种子用2%立克莠100克拌种。适宜播期为10月28日至11月10日。③合理密植，每667平方米基本苗18万～22万株。④施足底肥，以农家肥为主，每667平方米施尿素15千克和25%氮磷钾复合肥25千克做基肥。大麦3叶期每667平方米追尿素5千克。⑤建立高标准排灌水系统，使大麦的分蘖期、抽穗期和灌浆期有充足的水分，同时又要防止水分过多造成渍害。⑥麦苗3叶期，每667平方米用15%多效唑40～60克，对水50～60升叶面喷雾，增加分蘖。⑦重点防治蚜虫和粘虫，使用高效低毒药剂。⑧在蜡熟末期至完熟初期收获，随收随晒，保证质量。

适应地区 适宜在上海市、浙江省和江苏省南部地区种植。

联系单位 邮编:201106，上海市农业科学院作物育种栽培研究所；邮编:226227，江苏省启东市农业良种繁育场。

（十七）赣大麦1号

品种来源 江西省农业科学院以引自秘鲁的利马黑大麦为母本、舟麦2号为父本进行杂交培育而成。2000年4月通过江西省农作物品种审定委员会审定并命名。

特征特性 在江西省南昌市生育期165天，属二棱皮大麦。叶色深绿。幼苗直立，苗期生长势强，株高100厘米左右，茎秆粗壮，分蘖力中等。成穗率高，穗长方形、长芒，每穗实粒数21.6粒，千粒重43克。成熟时穗轴不碎断，侧小穗全部不育，穗及内外稃和长芒均为黑色，籽粒和稃也呈黑色，故称赣黑大麦。籽粒有光泽,含蛋白质11.17%,脂肪8.77%,纤维6.63%,硫胺素3.51毫克/千克,核黄素2.4毫克/千克,钙701.4毫克/千克,硒74.4微克/千克,赖氨酸0.5%。硒和赖氨酸含量均优于普通大麦。经钱江啤酒集团分析,麦芽含蛋白质11.36%,铁、锌、锰、铜等含量均比黄皮麦芽含量高。麦芽产品品质检测均达到或超过国家优级或一级标准。该品种早熟,高抗白粉病和赤霉病,适应性强。

产量表现 自1995年连续4年在江西省参加多点示范试验,在红壤旱地、濒湖地区、水田等地试种,一般每667平方米平均产量为175~250千克。

栽培要点 一般每667平方米播种量8~10千克,行距20~25厘米,条播。施足基肥,冬前攻壮苗,返青后调整群体结构,防后期早衰、防渍排涝和防治病虫害。当麦田呈一片黑色时即达完熟期,应及时收获、脱粒、晾晒,防雨霉变,保证种子质量。

适应地区 适宜在江西省赣中、赣北及濒湖地区以及我国西部地区春播种植。

联系单位 邮编:330220,江西省南昌市,江西省农业科学院旱季粮食作物研究所。

(十八)川农大3号

品种来源 四川农业大学1984年从川裸1号的天然杂交变异后代中经系统选育而成。1997年通过四川省农作物品种审定委员会审定,累计推广面积13.34万公顷。是早熟、矮秆、多抗的啤酒大麦。

特征特性 在四川省雅安市生育期165天。熟期早,迟播早熟,为春性二棱皮大麦品种。幼苗直立,株型紧凑,株高80~100厘米,茎秆粗壮。主茎叶片10个以上,叶色淡绿,叶耳紫色。分蘖力强,成穗率高。穗呈方形,穗长6~7厘米,每穗实粒数25~30粒。千粒重43克,壳色淡黄、长芒,穗层整齐,籽粒饱满,大小均匀,籽粒品质和麦芽品质均较好。蛋白质含量10.37%,浸出物78.7%,糖化时间8分钟,色度3.4,最终发酵度80.5%,库尔巴哈值38.4%。该品种耐湿耐肥,抗倒伏,田间未见条锈病、条纹病、黑穗病,抗白粉病,耐赤霉病,抗蚜虫、抗穗发芽,适应性广。

产量表现 1989年和1990年参加全国大麦区域试验,产量名列前茅。1990年和1991年进行产量试验,每667平方米产量310千克,较浙农大3号增产15%。1991年和1992年在四川省5个点区域试验中,较对照浙农大3号增产13.2%。1993年在四川全省的区试中,平均单产301.5千克,最高350千克,比浙农大3号增产17.6%,增产幅度均达到极显著标准。

栽培要点 在四川省西南地区以10月下旬至11月初播种为宜,在川西北地区以10月15~20日、长江下游地区以10月下旬播种为宜。在肥水条件较好的情况下,每667平方米基本苗12万株左右;在肥力低的地区基本苗14万株左右为宜,不得超过15万株。施足农家肥做基肥。每667平方米施用纯氮9~10千克,以施基肥为主。在完熟期以籽粒含水量达25%时收获为宜,随收随脱粒,及时晒干,以防品质变劣。

适应地区 适宜在四川省棉区包括川西南、川中、川北丘陵地区种植。可间作套种。

联系单位 邮编:625014,四川省雅安市,四川农业大学农学院。

(十九)川大麦1号

品种来源 四川省农业科学院作物育种栽培研究所于1986年以85 V 15为母本、85 V 24为父本(这两个材料均引自墨西哥国际玉米小麦改良中心)进行杂交,经过5年6代系谱法选育育成。1996年5月通过四川省农作物品种审定委员会审定推广。

特征特性 该品种为高产、早熟、抗病的大麦新品种。它属春性,为多棱皮大麦。生育期 180 天左右,比威 24 早熟 2~5 天。籽粒灌浆退色好,皮薄、饱满,人工易脱粒。分蘖中等,成穗率高。幼苗半直立,长势旺。植株较高,穗层整齐。穗呈长方形,一般每穗 45 粒左右,千粒重 31~35 克。经四川省农业科学院植物保护研究所鉴定,高抗条锈病,抗白粉病和赤霉病,未发现条纹病、网斑病和叶锈病。经四川省农业科学院粮食作物研究所小麦室测定,籽粒蛋白质含量为 10.72%。

产量表现 1992 年和 1993 年连续在 6 个试验点联合试验,2 年平均产量每 667 平方米为 303.1 千克。1993 年参加生产试验,平均单产 352.6 千克,比对照威 24 增产 25.5%。1994~1996 年大面积试种,平均单产 333.3~366.7 千克。

栽培要点 品种最佳播种期为 10 月 25 日至 11 月 5 日,播种量每 667 平方米 8 千克左右。每 667 平方米施纯氮 8 千克左右,注意氮、磷、钾配合施用,施足底肥,早追肥。及时除草和防治白粉病与蚜虫。

适应地区 适宜在四川省丘陵、平坝以及相邻省、自治区相应地区种植。

联系单位 邮编:61000,四川省成都市,四川省农业科学院作物育种栽培研究所。

(二十)川大麦 2 号

品种来源 四川省农业科学院作物育种栽培研究所于 1986 年以引进品种 85V01(由墨西哥国际玉米小麦改良中心引进)为父本、威 24 为母本进行杂交,经 5 年 6 代系谱法选育而成。1997 年 5 月通过四川省农作物品种审定委员会审定并推广。

特征特性 川大麦 2 号属春性、早熟、多棱皮大麦。生育期 180 天左右,比威 24 早熟 3~6 天。株高 90 厘米左右。幼苗半直立,苗期长势旺,分蘖力中等,分蘖成穗率高。植株中等偏高。穗层整齐,穗呈长方形。一般每667平方米有效穗为26万左右,每穗45粒,千粒重33~35克。穗大粒多,丰产性能好。籽粒后期灌浆褪色好,皮薄、饱满,人工易脱粒。具有抗逆性强、品质优、高产稳产、耐低温等优点。经四川省农业科学院植物保护研究所抗病性鉴定,抗条锈病、赤霉病,感白粉病,未发现网斑病、条纹病和叶斑病。经四川省农业科学院中心室测试,蛋白质含量为10.14%。

产量表现 1996年在四川省的三台、中江、简阳等地生产试验,每667平方米产量达377.3千克,比对照威24增产29.8%。1997年大面积试种,平均单产333.3~400千克。

栽培要点 该品种适宜播期为10月25日至11月5日。播种量每667平方米7.7~8.3千克。每667平方米施纯氮7~10千克,以氮、磷、钾配合施用为佳,适当增施多种微量元素等肥料,多施底肥,早追肥。及时除草和防治白粉病与蚜虫。及时收获。

适应地区 适宜在四川省及相邻省、自治区生态相近的地区种植。

联系单位 同川大麦1号。

(二十一)威24饲料大麦

品种来源 四川省农业科学院和云南省农业科学院从国际玉米小麦改良中心引进,1989年和1990年保山地区农业科学研究所分别从四川省中江县种子公司和云南省农业科学院品种资源研究所引进试种筛选鉴定及多点试验,表现早熟、高产,为优质饲料大麦品种,2001年7月通过云南省农作物品种审定委员会审定。

特征特性 在云南省保山地区生育期155天左右,属弱春性品种。幼苗直立,生长繁茂,分蘖性好,株型紧凑,成穗率高。穗长4.4~5.5厘米,穗粒数40~50粒,长芒。千粒重37~39克。穗长方形,籽粒淡黄色。威24属薄皮大麦。据分析,籽粒含蛋白质12%,脂肪0.9%,浸出物67.3%,纤维6.3%,灰分2.2%,钙

0.14%,磷0.33%,赖氨酸含量高达0.68%。该品种对光反应不敏感,耐寒性好,耐肥性、抗倒伏性和耐湿性中等,抗锈病,轻感白粉病和坚黑穗病。

产量表现 1994年和1995年参加云南省保山地区啤饲大麦良种区域试验,每667平方米平均产量为491.7千克,比对照1和对照2分别增产5.2%和64.9%。1995年和1996年继续进行区域试验,平均单产为463.3千克,比对照1和对照2增产5.3%~100.2%。1998年和1999年参加云南省大麦品种区域试验,最高单产682.5千克。在历年的试验中表现高产、稳产。

栽培要点 ①选择排灌方便的中上等肥力田块,播种前晒种1~2天,冷凉区10月下旬至11月上旬播种,每667平方米播种量7~9千克。中海拔地区11月上旬播种,播种量6~8千克。②每667平方米施农家肥2000~4000千克,尿素20千克,普钙25~30千克,以基肥为主。在大麦2叶1心期追施尿素以促分蘖。③有条件的地方可在分蘖、拔节、孕穗和灌浆期浇水。④播前用药剂拌种,防治病虫害及鼠害。及时进行田间管理和收获。

适应地区 适宜在四川、云南等省海拔1400~2300米地区的中上等肥力土地种植。

联系单位 邮编:678000,云南省保山地区农业科学研究所。

(二十二)普乃干木

品种来源 普乃干木为西藏农家优良青稞品种。"普"为地名,"乃干木"藏语中为白青稞。原产于尼木县尼木乡普巴村。西藏和平解放前,这个品种是用来加工专供西藏上层官员和僧侣食用的优质糌粑,是上等贡品。历代达赖喇嘛食用的优质"甲米糌粑",部分就是用普乃干木加工而成的。

特征特性 在西藏种植生育期120天左右,属春性中熟品种。幼苗直立,叶片上举,株高100~110厘米,株型紧凑,偏六棱,短芒,芒上略带紫色。穗长5~6厘米,每穗结实45~55粒,穗和芒均为黄色,护颖窄。籽粒白色,千粒重43~45克。茎秆弹性较弱,分蘖较少。籽粒含蛋白质9.1%,纤维1.88%,淀粉56.8%。籽粒加工成糌粑,口感好。酿制青稞酒味甜醇正,余香绵长。麦秆较脆,是牲畜的好饲料。该品种抗倒伏性差,成穗率高,抗逆性强,耐寒、耐瘠薄、耐旱、稳产。轻感条纹病、黑穗病。

产量表现 一般每667平方米产量200~300千克,高者可达350千克以上。

适应地区 适宜在西藏自治区拉萨市、昌都地区、澜沧江沿岸及其源头地区种植;也适宜在海拔3 650~4 300米的中、下等地块和旱区农区种植。

联系单位 邮编:850002,西藏自治区拉萨市,西藏农牧科学院农业研究所。

第三章　高　粱

一、高粱的类型

高粱是禾本科一年生草本植物。根据栽培目的及用途,可分为粒用高粱(食用、饲用、酿造用)、糖用高粱、饲草用高粱、帚用高粱及兼用高粱。

(一)粒用高粱

栽培目的以收获籽粒为主。我国生产的高粱,绝大部分属于这一类型,用途广泛,分为食用、饲用和酿造工业(制酒、制醋等)原料用。粒用高粱的特点是穗密而短,植株高矮不等,分蘖力弱。籽粒大而裸露,容易脱粒,品质优良。茎内髓部干燥或汁液较少。籽粒含有丰富的营养物质,不同品种之间差异较大。一般淀粉含量为65.9%~77.4%,与其他主要谷物相似;蛋白质含量7.8%~12.5%,略低于小麦面粉而高于大米;脂肪含量为1.8%~5.3%,比面粉、大米都高。但是高粱籽粒的单宁含量较高(0.027%~0.96%),几种重要氨基酸如赖氨酸等含量较少。因此,食用价值低于稻米和小麦。随着生产的发展和人民生活水平的提高,高粱已经基本上从人们的餐桌上退出,只有一些优质品种还少量地用作食品。目前粒用高粱生产主要是为了满足酿造工业的需求。酿造用的高粱要求淀粉含量高,单宁含量适中,脂肪含量要低。我国今后的高粱生产,仍然会以粒用为主,用于饲料和酿造工业原料。

(二)糖用高粱

糖用高粱又叫甜高粱。公元4世纪时传入我国,长江中下游地区种植较多,称之为芦粟、芦穄等。上海市的崇明岛因种植甜高粱较多而被称为“芦粟之乡”。糖高粱的特点是茎秆高大,分蘖性强,节间长,茎髓多汁,并含有糖分,含糖量8%~19%。多为直穗形,籽粒小,品质不佳。据报道,每公顷糖高粱茎秆可加工出1 500千克白砂糖,每0.5千克剩余的废糖浆又可制成2.5升香醋。糖高粱的饲料价值也很高,可用以制作优质青贮饲料。据中国农业科学院测定,糖高粱茎秆的主要营养成分,均高于目前主要的青贮原料玉米茎秆,含糖量是玉米的2倍,浸出物和粗灰分比玉米高64.2%和82.55%,蛋白质和脂肪含量也高于玉米,无论作为青饲料或青贮饲料,草食动物都喜欢采食,饲喂效果优于玉米。更值得注意的是,糖高粱茎秆中的糖分经过生物发酵之后可以生成酒精,混到汽油中作为汽车燃料,既能节省汽油,又能在很大程度上减少污染,是一种重要的潜在能源。巴西率先在大型酒精工厂利用糖高粱生产酒精。我国从20世纪80年代起,便开展了用糖高粱茎秆生产酒精的研究,同时也进行了在汽油中混入燃料酒精的行车试验,都取得了满意的结果。据报道,1公顷糖高粱茎秆可生产2 300千克酒精。由此看来,糖高粱是一种很有希望的再生能源,综合开发利用前景广阔。

(三)饲草用高粱

饲草用高粱主要特点是生长势旺盛,茎叶繁茂,有较强的分蘖力和再生力,植株高大。穗子小,籽粒小,有稃,品质差。主要用于青贮、青饲、干草和放牧用饲料。茎叶含糖量高的适于青贮,含氰量低的适宜于青饲。籽粒饲用高粱作为一种优质饲料来源,已成为世界上不少国家推进种植业发展的一条重要途径,在美国的高梁带，饲料高粱在畜禽日粮中发挥了巨大作用。这里主要讲饲草用高粱。我国育成的饲草用高粱杂交种，每公顷可生产5.25万～7.5万千克青贮料，同时还可收获4 500～7 500千克籽粒。

（四）帚用高粱

帚用高粱又叫长杪高粱或长梢高粱。主要特点是植株高大，穗大而散，通常无穗轴或有极短的穗轴，一级枝梗发达，茎内髓部干燥。籽粒大多着生在分枝顶端，有护颖包被，不易脱粒。穗下垂、很长（一般50～80厘米），有些品种穗长达90厘米甚至1米以上，专门用来制作各种优质笤帚。目前我国一些地方正在发展帚用高粱，秫杪（即高粱脱粒后的花序部分，也叫穗挠）非常走俏，每千克2.2元以上，秫秸每千克0.24元，一般每公顷帚用高粱可收入19 000余元，如自己加工笤帚则效益更高。与帚用高粱相似的还有编织工艺用的高粱，利用其茎秆、穗柄、茎皮编织成各种日用品和工艺品。

二、高粱的生产状况与发展趋势

（一）世界高粱的生产简况

高粱栽培历史悠久，世界五大洲的100多个国家都有种植。20世纪50～70年代，由于畜牧业发展对饲料要求的增加，更由于杂交高粱的推广，世界高粱生产迅猛发展，拉丁美洲高粱产量增长14倍，欧洲增长19倍，北美增长4倍，最突出的是法国，增长了200倍。从70年代到现在，高粱生产基本稳定，略有增长。据联合国粮农组织统计，2001年世界高粱种植面积为4 202.6万公顷，比1972年增长10%；高粱总产量为5 860.3万吨，比1972年增长30.7%；每公顷平均产量为1 395千克，比1972年提高18.6%。种植面积最大的国家有印度(1 030 万公顷)、尼日利亚(688.5 万公顷)、美国(358.4 万公顷)、墨西哥(190 万公顷)。单产最高的国家是意大利(6 176 千克/公顷)、法国(5 955 千克/公顷)、埃及(5 789 千克/公顷)、阿根廷(4 627 千克/公顷),但这几个国家栽培面积都很小,总产量不高。美国是世界上高粱生产大国,总产量为 1 450 万吨,占世界总产量的 24.74%。

(二)我国高粱的生产简况

高粱在我国也是一种重要的农作物。从东海之滨到天山脚下,从五指山麓到黑龙江畔,到处都有种植,但主产区还是集中在北方诸省。辽宁、河北、黑龙江省面积最大,其次是山西、吉林、山东省,再次为河南、安徽、陕西、四川、新疆、甘肃等地,此外在湖北、湖南、贵州等省也有一定种植面积。历史上,高粱在我国粮食生产中曾经占有重要地位,面积最大时曾达到 1 473.57 万公顷(1918 年),为当时小麦面积的 2/3,那时候绝对不能把高粱叫做小杂粮。就是在解放初期的 1952 年,高粱种植面积仍然很大,有 938.58 万公顷,占当年粮食作物总面积的 7.5%。此后逐年缩减。1960 ~ 1970 年间由于推广杂交高粱,栽培面积略有回升。但过后不久便急剧萎缩,到 1980 年减少到 269.28 万公顷,占当年粮食作物面积的 2.3%。目前全国高粱种植面积不足 100 万公顷,与 50 年前相比,几乎减少了 90%。从总产量上来看,1952 年全国高粱产量为 1 112.2 万吨,1976 年为 1 007 万吨。据联合国粮农组织资料,2001 年中国高粱总产量仅为 286.5 万吨。山西省是我国高粱主产地之一。1972 年种植面积曾达到 28.6 万公顷,占当年粮田面积的 13.2%;到 1998 年缩减到 6.5 万公顷,只占当年粮田面积的 3.9%。近年来种植面积仍在继续下降。

我国高粱种植面积急剧缩减,然而还能保持一定的总产量,基本上还能够维持供需平衡。其根本原因有二:一是单位面积产量显著提高，二是作为粮食的需求量显著降低。1952 年全国平均每 667 平方米产量为 79 千克，1976 年为 155 千克，2001 年为 202 千克。事实上各地都有许多高产典型，如山西省榆次小面积（2 公顷）高产纪录是平均每 667 平方米 1 031 千克，辽宁省锦西大面积（666.7 公顷）高产纪录是平均每 667 平方米 500 千克，这些高产典型又充分说明我国高粱生产蕴藏着巨大的增产潜力。

（三）我国高粱的生产发展趋势

近 20 多年来，世界高粱生产是稳定的，并且略有发展。而我国的高粱生产却大幅度缩减。这是什么原因呢？我国的高粱生产还有没有发展前途？今后高粱的生产发展趋势如何？这些问题已经引起人们的关注。

我国高粱种植面积逐年缩减的原因是多方面的。第一是受种植业结构调整的影响。从总的方面看，经济作物面积不断扩大，粮食作物面积逐渐缩减，其中主要是缩减了高粱、谷子的播种面积；第二是随着人民生活水平的提高，在粮食消费中高粱已经降至非常次要的位置，需求量大大减少；第三是我国饲料工业生产配合饲料时大多以玉米为原料，高粱在饲料工业中也没有多大地位；第四是虽然酿造工业传统的主要原料是高粱，但近几年有部分原料被玉米所替代。尽管高粱种植面积显著减少，但是随着生产条件的改善和良种的推广，高粱单位面积产量大幅度提高，其总产量基本上仍能满足人们的生活和生产需要。

我国高粱生产的内部结构也不尽合理，绝大部分是粒用高粱，糖用、饲用等类型的高粱非常之少，而且粒用高粱中过去又以食用为主。随着高粱食用价值的基本丧失，需求量大大减少，其生产的萎缩现象是正常的，不可避免的。但是随着社会的发展，对其他类型高粱的需求又逐渐突出。酿造工业是重要一方面。据估计，仅酿酒业每年就需高粱 300 多万吨，差不多相当于目前的总产量。

所以目前高粱的播种面积已经接近底线，再没有多少缩减余地了。高粱是一种优良的饲料，世界上发展中国家普遍忽视了高粱的饲用价值，我国也是这样。今后人们会认识到这个问题而恢复高粱生产。饲草用高粱在我国更没有引起重视，但随着畜牧业的发展，一定会有较大的发展空间。帚用高粱虽然需求量不是很大，但目前基本上还处于空白阶段，仍有一定的发展余地。特别值得指出的是，糖用高粱有广阔的发展前景，利用糖用高粱生产酒精，开辟再生能源，是当今西方一些国家的新兴产业。有报道说，意大利的再生能源70%是利用糖高粱生产的。利用糖高粱生产酒精，目前还有一些问题难以解决，例如茎秆贮存后糖分下降等。

三、提高单产是发展高粱生产的必由之路

如果我们仍然用传统的观念看待高粱，把它当作以食用为主的粮食作物，肯定没有什么发展前途。尽管现在又时兴杂粮餐，人们注意在膳食结构中搭配一定量的高粱等杂粮，但需求量不会很大。如果我们改变一下思路，把高粱当做一种经济作物，做好综合开发利用，发展酿造专用高粱、饲用高粱、糖用高粱、帚用及工艺原料用高粱，我国的高粱生产将会出现一片新的景象。但是不论发展哪一类型的高粱，都只能走提高单位面积产量的道路。虽然种植面积还可能会少量恢复一些，可是单纯依靠扩大面积来增加总产量的路子肯定是走不通的。提高单位面积产量和经济效益，最根本的措施就是采用优质高产的优良品种和杂交种，并采取与之相适应的栽培技术。

生产实践已反复证明，在高粱生产中，采用优良品种和杂交种，能使产量增加30%～40%。2001年美国高粱种植面积是358.4万公顷，比1961～1965年平均面积减少了27%，而总产量还增加了4%，达到1 450万吨，其增加总产量的主要原因是种植了

优良杂交种。新中国成立以后,我国在高粱生产上进行过多次大规模的品种更新。第一次是在20世纪的50年代前期,大面积推广优良农家品种,如打锣棒(辽宁盖县品种)、护脖矬(吉林怀德品种)、离石黄(山西离石品种)等,初步扭转了高粱品种严重混杂退化的局面;第二次是在60年代初期,推广普及了我国新育成的优良品种,如熊岳253、熊岳334、跃进4号、护2号等,一般增产10%~20%;第三次是在70年代,以高粱杂交种普遍代替了一般的优良品种,实现了杂种优势利用,如晋杂5号、晋杂4号、黑杂1号、郑杂3号、铁杂6号、沈杂3号、冀杂1号等,使我国高粱生产跃上一个新的台阶,全国平均单产迅速提高到175千克,其中最有代表性的是晋杂5号,累计推广面积达到666.7万公顷。

依靠引进良种提高单产和经济品质,不仅是必须的,而且是可能的。目前我国高粱单位面积平均产量几乎是50年前的3倍,达到了每667平方米202.3千克,也大大高于世界平均水平(每667平方米93千克)。但与意大利、法国、埃及、阿根廷等国相比,仍有很大差距。我国各地涌现出的高产典型,高出全国平均水平的1倍甚至数倍,都说明我国高粱生产潜力还是很大的。当然我们这里强调良种的增产作用,并不意味着其他方面可以忽视。相反,应该进一步改善生产条件,改进栽培技术,使良种能发挥最大的增产效益。

四、高粱的良种条件、种子质量标准和引种规律

优良品种是一个相对的概念。不同类型的高粱,由于栽培目的、利用途径的不同,对良种的要求也就不一样。笼统地说,一个优良品种或杂交种应该具备产量高、品质好、抗性强、适应性广等条件。

(一)高粱良种的条件

1. **粒用高粱** 首先必须高产,籽粒产量比原有推广品种或杂交种增产10%以上,如具有其他突出的特殊性状(品质特优、抗性特强等),增产百分率达不到10%也可以,但至少不低于或者接近现有推广种的产量水平。对籽粒品质的要求,食用高粱要求适口性好,着壳率低,角质率60%~80%,蛋白质含量10%以上,赖氨酸含量占蛋白质的2.5%。单宁含量较低,最高不能超过0.5%。酿造用的粒用高粱,淀粉含量要高一些,在70%以上,蛋白质和脂肪含量不超过中等水平,单宁含量适中,籽粒有适宜的色泽。

2. **糖用高粱** 糖用高粱是利用其茎秆制糖。因此,主要条件是要求茎秆产量高、品质好。茎秆高度应达3米上下,成熟时茎秆中汁液含量多,蔗糖含量不低于14%。粮糖兼用高粱要求籽粒产量较高,品质较好。籽粒与茎秆产量均应高于原有生产用种。应当说明的是,糖用高粱与粒用高粱主要性状是相互矛盾的。糖用高粱茎秆多汁、含糖量高,但籽粒小,品质差;粒用高粱籽粒大,品质优良,但成熟时茎秆根本无汁液,或是有很少的汁液且含糖量很低。用于制酒精的糖高粱要求生物学产量高。可燃有机物比例高,生育期短,抗旱性强,便于机械化生产等。

3. **饲草、青饲用高粱** 高粱的籽粒也是重要的饲料,其良种条件应符合粒用高粱的要求。所谓饲草用高粱不是针对籽粒而言,而是专指利用其茎叶做青饲料或青贮饲料。因此,对饲草用高粱良种的要求非常相似于糖用高粱,而与粒用高粱的要求颇不相同。饲草用高粱良种株高不低于2.5米,茎叶繁茂,质地柔嫩,并含有一定糖分。分蘖性与再生能力较强,幼苗中氢氰酸含量低于0.05%,总生物学产量(鲜重)为每667平方米5000千克以上。

4. **帚用高粱** 最主要的利用部分是穗挠,即脱粒后的花序部分。因为帚用高粱花序的穗轴极短或不甚明显,一级枝梗特别发达,实际上主要利用部分就是一级枝梗,或者包括穗柄。帚用高粱良种要求株高2.5米以上,穗柄较长,一般在40厘米以上,穗轴特短乃至无明显穗轴,穗形周散或侧散,一级枝梗发达(长40~60厘米),质地柔韧,色泽纯正。

不论哪一类型高粱,其良种还有一些共同的标准,这就是抗逆性强,适应性广。抗逆性包括抗旱性,耐涝性,抗热性,抗寒性,抗风性,抗盐碱性,抗病、虫、鼠、雀、杂草危害的能力等。

(二)高粱良种种子的质量标准

根据粮食作物种子的国家标准GB 4404.1—1996规定,高粱良种种子的质量标准如表3-1所示。

表3-1 高粱良种种子质量标准 (%)

项目		纯度不低于	净度不低于	发芽率不低于	水分不高于
常规种	原种	99.9	98.0	75.0	13.0
	良种	98.0	98.0	75.0	13.0
不育系 保持系 恢复系	原种	99.9	98.0	75.0	13.0
	良种	99.0	98.0	75.0	13.0
杂交种	一级	98.0	98.0	80.0	13.0
	二级	95.0	98.0	80.0	13.0

长城以北地区及高寒地区高粱良种种子水分可高于13%,但不能超过16%。调往长城以南(高寒地区除外)的种子水分不能高于13%。

(三)高粱引种的一般规律

同其他任何作物引种一样,高粱引种时必须做到"知己知彼"。所谓"知己",就是要了解当地的自然条件(纬度、海拔、日照、温度、降水特点、自然灾害、病虫发生规律等)、生产条件(土壤肥力、灌溉条件等)、种植方式(春播、夏播、间作套种等),有明确的引种目的,不可盲目求新求异,片面追求某一指标。例如引种大米小麦旱高粱的教训——详见后文"高粱的优良品种"之(一)冀粱2号。所谓"知彼",就是要了解所引进品种原产地的自然条件、生产条件等,了解所引进品种的来源、特征特性、栽培技术、适应范围等。

高粱是喜温作物,全生育期对温度要求比较高。出苗到拔节期适宜温度为20℃~25℃,拔节至抽穗期为25℃~30℃,开花授粉期为26℃~30℃,灌浆至成熟期为20℃~30℃。如果当地没有种过高粱,引种时应该留心一下当地温度状况是否适宜。温度对高粱的生长发育固然重要,而光照才是起决定作用的因素。高粱是短日照作物,对光照反应比较敏感。从纬度高、日照长的北方地区向南方引种,遇到短日照环境,生育期缩短而提早成熟,造成减产。原产于南方的品种,往北方引种,由于日照延长,往往晚熟甚至在晚霜来临前不能成熟,损失更惨。由纬度相近的东西两地之间相互引种,成功的把握很大。从高海拔地区向低海拔地区引种,由于温度升高,日照缩短,常因生育期缩短而减产,在这种情况下,引种生育期较长的品种比较安全;相反,从低海拔地区向高海拔地区引种,最好引种一些生育期短的品种。

从外地新引进品种或杂交种时,先少量引入,进行筛选鉴定试验,确认能适应本地条件而且能表现出优良性状时,才能大面积应用。

一个农业区域内品种不宜太少,品种单一常因某些自然灾害遭受重大损失。因此,要搭配生育期略有差异、抗逆性不同的品种。但同一地区种植品种过多,又不便管理,更不利于隔离繁殖。一般安排1~2个主栽良种,再辅以2~3个搭配良种比较适宜。

五、高粱的优良品种

高粱的优良品种较多，本书着重介绍31个品种。其中(一)至(十一)为高产优质品种;(十二)至(二十三)为优质酿造品种;(二十四)至(二十六)为糖用品种;(二十七)至(二十九)为饲草用品种;(三十)至(三十一)为帚用品种。

(一)冀梁2号

品种来源 这是一个品质极佳、抗性特强的常规高粱品种，由河北农业大学罗耀武教授主持育成。1972年他们从引进的一批品质优良的外国杂交高粱(NK 222, NK 255, NK 265等)中分离出新的品系，并与中国优质高粱品种象牙白杂交，获得优抗75-1，优抗75-2等优质抗蚜新品系，并在《遗传学报》做过报道。此后又经过多次品系间杂交和系选，从中选出一个最优品系，暂定名为河农16-1。1984年和1987年两次参加河北省高粱新品种区域试验。1990年通过河北省农作物品种审定委员会预审，1992年正式通过审定，定名为冀梁2号，并获得河北省科技进步三等奖。

值得一提的是，罗耀武教授等人20年呕心沥血获得的这一科研成果，竟被一些不法种子商改名为“大米小麦旱高粱”，以高价炒种。涉及范围极广，从北到南几乎炒遍全国;持续时间最长，从1990年至今没有被彻底揭露;牟取暴利最甚，比原种价格超出几十倍到数百倍;手段十分恶劣，在全国各种媒体大做假广告，声称是“中国农业科学院从西欧引进的一种新型农作物”，“株型似高粱，籽粒如大米，营养像小麦，开发前景广阔”。1995年河北省农作物品种审定委员会对此专门组织品种对比试验，经专家考察鉴定，所谓的大米小麦旱高粱就是冀梁2号高粱。然而这一场波及全国的农资制假案及科学丑闻并未得到彻底清算，至今许多人仍

不明真相，有人仍在宣传它，甚至有的科技人员还因研究它而获得某些地方的科技进步奖。

特征特性 株高137厘米左右，叶片宽大，茎秆粗壮，节间短，分蘖力强，肥水充足时，一株上有2～3个分蘖可以成穗。穗长30厘米，穗粒重64.8克，千粒重23.4克。春播生育期120天左右，夏播生育期110天。籽粒白色，品质优良。着壳率近于零，角质率81.3%。蛋白质含量较高，为12.5%；单宁含量较低，为0.025%；赖氨酸含量为0.25%。适口性极佳，在示范过程中，群众誉为"二大米"。饲用品质也远优于红高粱。抗倒伏，高抗蚜虫，是一个免疫品种。十分抗旱，群众早就称它为"旱高粱"。

产量表现 1986年和1987年在河北省高粱新品种区试中，每667平方米平均产量为502.4千克，最高为800.8千克。河北农业大学生产示范田平均单产830千克，在保定地区生产示范中平均单产800～1000千克。

栽培要点 冀粱2号为常规品种，不像杂交种那样需要年年制种，因而种植成本低，易推广。栽培技术与普通高粱大同小异。因高产抗倒伏，所以适宜高肥水、高密度种植，每667平方米1万株左右。种子顶土力稍差，适当浅种。又因其籽粒品质好，易落粒，易受鸟害，应适时早收。

适应地区 适宜在河北省北部春播，中部套种，南部复播。其他适宜种植高粱的地区都可种植，近年来在山东、内蒙古、陕西、云南、四川、浙江等省、自治区都有广泛种植。

联系单位 邮编：071000，河北省保定市，河北农业大学农学系高粱课题组罗耀武。

（二）龙杂4号

品种来源 黑龙江省农业科学院作物育种研究所以龙302A为母本、恢复系7657为父本配制杂交组合培育而成。原名为92-

727。1996年通过黑龙江省农作物品种审定委员会审定，被命名为龙杂4号。

特征特性 该品种生育期119天左右，需大于或等于10℃积温2560℃。株高280～300厘米。幼苗拱土能力强，苗期生长速度快、健壮。茎秆韧性强，叶部病害轻。穗中紧，籽粒褐色、倒卵形，千粒重27.9克。籽粒含蛋白质10.49%，淀粉70.84%，单宁0.76%。

产量表现 1992年进行异地鉴定，每667平方米产量为366.4千克，比对照同杂2号增产11.6%；1993年和1994年进行区域试验，平均单产438.8千克，比对照增产14.4%。1995年进行生产试验，平均单产491.1千克，比对照增产11.3%。本品种是高产、稳产、抗病的高粱杂交种。

栽培要点 ①在黑龙江省5月上旬播种，可进行催芽播种，如土壤墒情不好，可适量浇水再种，做到1次播种保全苗。②施足农家肥做底肥，并每667平方米加施磷酸二铵10千克。肥粒和种子不能混在一起，以防烧苗。③株距15厘米左右，密度每667平方米为6000～7000株。④田间管理最好做到三铲三耥。在6月末可结合耥地追施尿素10千克。在高粱蜡熟末期适时收获，以防落粒或成熟过度造成减产。⑤制种时，制种地块与其他高粱地块要间隔500米以上。父、母本可同时播种，种植比例为1∶4～5，边垄种父本。抽穗期拔草、去杂、去劣。开花期为提高母本结实率，可人工辅助授粉3～5次。成熟后在霜前及时收获。⑥为了防治病虫害，播前可用药剂拌种或用种衣剂处理防治黑穗病；也可催芽播种，以缩短种子在土壤中萌发的时间，减轻黑穗病的侵染。7月份在蚜虫开始发生时用乐果加敌杀死进行喷雾，要将药剂喷洒在叶子背面。也可在喇叭口期喷洒敌杀死，或用赤眼蜂防治螟虫。

适应地区 适宜在黑龙江省大于或等于积温2560℃以上地区种植。

联系单位 邮编:150086,黑龙江省哈尔滨市,黑龙江省农业科学院作物育种研究所。

(三)绥杂6号

品种来源 黑龙江省农业科学院绥化农业科学研究所1993年以不育系20A为母本、绥恢26为父本配制杂交组合培育而成。多年来通过产量鉴定、省区域试验、生产示范,增产幅度较大,于2001年2月通过黑龙江省农作物品种审定委员会审定并命名。

特征特性 绥杂6号生育期118天,需大于或等于10℃积温2500℃。拱土能力强,幼苗生长健壮,芽鞘紫红色。植株高大繁茂,株高180厘米,茎粗1.5厘米。穗型中紧。黑壳,籽粒椭圆形、褐色,成熟时不落粒。千粒重26.4克,单穗粒重70克。含淀粉68.33%,蛋白质11.81%,单宁1.27%。抗旱、抗寒、抗倒伏能力强,抗苗期炭疽病、叶斑病、黑穗病,并抗蚜虫、螟虫等虫害。

产量表现 1994~1996年进行产量鉴定和异地鉴定,每667平方米平均产量为483.2千克,比对照同杂2号增产15.3%。1997年和1998年进行区域试验,2年共试验11点(次),平均单产为512.5千克,比对照同杂2号增产14.2%。1999年在生产示范中,5个试验点,平均单产为503千克,比对照同杂2号增产16.2%。历年表现高产、稳产。

栽培要点 ①在黑龙江省5月上中旬播种,以保全苗。②采用播种机械在垄上双条播,覆土3~5厘米,播后镇压。③每667平方米施磷酸二铵10~15千克,并施足农家底肥。④出苗5~6片叶时定苗,留苗要均匀,每667平方米留苗7000株左右。以留拐子苗为好。拔节时结合耥地,追施尿素10千克。及时中耕除草,三铲三耥,成熟时及时收获、晾晒、脱粒。⑤制种时,父母本同时播种,种植比例1:5,每667平方米母本留苗7000~9000株。

适应地区 适宜在黑龙江省第一、第二积温带地区种植。

联系单位　邮编:152052,黑龙江省绥化市工农西路420号,黑龙江省农业科学院绥化农业科学研究所。

(四)吉杂83号

品种来源　吉林省农业科学院作物育种研究所才卓、王方、高士杰等人以352A为母本、116-2-5恢复系为父本配制组合,于1993年育成。1999年通过吉林省农作物品种审定委员会审定。

特征特性　吉杂83号生育期120天左右,需大于或等于10℃积温2 450℃。株高约155厘米。幼苗为绿色。穗中紧,穗长29.7厘米,穗粒重86.3克。红粒,着壳率为13.7%,千粒重27克。根系发达,抗旱、抗倒伏。高抗丝黑穗病,并抗叶病及蚜虫。对光、温反应不敏感。籽粒含蛋白质10.1%,脂肪2.65%,赖氨酸0.21%,淀粉70.52%。

产量表现　在3年区域试验中,每667平方米平均产量为535.4千克,比对照品种敖杂1号增产14.81%。在2年生产试验中,平均单产为547.4千克,比敖杂1号增产18.81%。表现高产、稳产。

栽培要点　①适时播种,吉林省一般在4月末至5月初播种,每667平方米播种量为1.33千克,留苗9 340株左右,播种深度为3~4厘米。②施足底肥,增施种肥。在播种时,每667平方米施磷酸二铵13.4千克,拔节时追施硝酸铵20千克。

适应地区　适宜在吉林省长春、松原市以及种植敖杂1号的地区种植。

联系单位　邮编:136100,吉林省公主岭市,吉林省农业科学院作物育种研究所。

(五)吉杂87号

品种来源　吉林省农业科学院作物育种研究所才卓、李伟、高士杰等人以不育系352A为母本、恢复系58163为父本组配育成的高粱杂交种。于1994年育成,2000年经吉林省农作物品种审定委员会审定后予以推广。

特征特性 在吉林省公主岭市种植,生育期126天左右,需大于或等于10℃积温2 580℃。株高约160厘米。幼茎绿色,穗较紧,穗长34.7厘米,穗粒重90.8克。红壳、红粒,着壳率7.4%,千粒重27.5克。籽粒含蛋白质12.11%,脂肪2.92%,淀粉65.36%,单宁1.59%,赖氨酸0.2%。吉杂87号根系发达,抗倒伏,抗干旱。高抗丝黑穗病,抗叶病并抗蚜虫。适应性较强,对光、温要求不敏感。

产量表现 吉杂87号在吉林省3年区域试验中,每667平方米平均产量为543千克,比对照增产16.9%。在2年生产试验中平均单产515.5千克,比对照增产11.4%。表现高产、稳产。

栽培要点 在吉林省适宜播种期为4月下旬至5月初,每667平方米播种量为1.33千克,播深3~4厘米,留苗8 000株左右。播种前施足底肥,播种时每667平方米施磷酸二铵13.3千克,要与种子分开层次,以防烧苗,及时进行田间管理,拔节期追施硝酸铵20千克。

适应地区 适宜在吉林省四平、农安、德惠、扶余、长岭、前郭和乾安等地种植。

联系单位 同吉杂83号。

(六)辽杂13号

品种来源 由辽宁省农业科学院作物研究所育成的杂交种。母本为121A及其保持系121B,是从印度国际热带半干旱地区作物研究所引进;父本为0-30,是从沈阳市农业科学研究所引入的恢复系。1987年配制组合,经过对比试验、区域试验和生产试验,2001年通过辽宁省农作物品种审定委员会审定。

特征特性 在辽宁省生育期为126~130天,属晚熟品种。株高214厘米,20~22片叶。幼苗绿色,生长势强,基本无分蘖,根系发达。花药黄色,花粉量大。颖壳浅红色,籽粒橙色。穗中紧,纺锤形。穗长29.2厘米,穗粒重90.5克,千粒重32.9克,籽粒整齐。1998年经农业部谷物品质监督检验测试中心分析,籽粒蛋白质含量为10.5%,总淀粉为71.28%,赖氨酸为0.26%,单宁为0.103%。出米率为81.4%。角质率为72.5%。适口性好,饭香味浓。该品种高抗叶部病害,持绿性强,活秆成熟。抗旱、抗涝、抗倒伏,中抗丝黑穗病。具有高产、质优、抗病和适应性广等特性。

产量表现 1991年参加省区域试验,每667平方米平均产量为566.7千克,比对照辽杂1号增产23.3%,居参试品种第一位。1992年在省区域试验中,平均单产为472千克,比对照辽杂1号增产15%。1992年参加省级生产试验,平均单产为485.5千克,比对照辽杂1号平均增产9.5%。1993~2001年在省内外进行试种和大面积示范,平均单产为626.7~945.3千克,比辽杂1号增产18%~28%。到2001年在喀左、朝阳、阜新等地累计种植面积12 000公顷。是高产、稳产、米质优良的杂交种,深受农民欢迎。

栽培要点 ①适时播种,确保全苗。适宜播期为4月20日至5月5日,土壤10厘米耕层地温稳定在12℃左右,土壤含水量15%~20%为宜。播深2~2.5厘米,覆土深浅要一致,以保全苗。②种植密度,一般每667平方米留苗6 600~7 000株为宜。③合理施肥,通常可施农家肥做底肥,每667平方米施3 000~4 000千克。种肥施磷酸二铵或复合肥20千克,拔节期施尿素25千克。辽杂13号在高水肥条件下更能发挥增产潜力。④适时收获,最佳收获期为蜡熟末期。

适应地区 在辽宁省内种植辽杂1号、沈杂5号的辽西、辽北、辽南、辽东的广大地区以及河北全省、吉林省南部均可种植。

联系单位 邮编:110161,辽宁省沈阳市东陵,辽宁省农业科学院作物研究所。

（七）辽杂12号

品种来源 由辽宁省农业科学院作物研究所育成。母本为不育系7050A，父本为恢复系654。是一个高产、优质、多抗的杂交种。2001年12月通过辽宁省农作物品种审定委员会审定。

特征特性 在沈阳地区生育期128天左右，属晚熟杂交种。芽鞘与幼苗均为绿色，叶片深绿，生长势较强。株高192厘米，全株20~22片叶，叶片上冲，根蘖较多。穗长30.8厘米，穗中紧，长纺锤形，芒极短，褐壳，白粒，白米，着壳率低。单穗粒重100克左右，千粒重30克。籽粒整齐，出米率85%，角质率53%。籽粒品质优良。据农业部农产品质量监督检验测试中心分析，蛋白质含量11.8%，总淀粉74.49%，赖氨酸0.23%，单宁0.031%。饭味清香，适口性好。辽杂12号抗逆性较强，抗叶部病害和丝黑穗病，抗旱、抗涝、抗倒伏、抗蚜虫，不早衰，活秆成熟。

产量表现 多年来多个地区试验，其高产性、稳产性较好。每667平方米平均产量为536.9千克，比对照锦杂93增产12.3%。在省内外进行的多点生产示范，单产达到600千克左右，最高为720.2千克。

栽培要点 ①在辽宁省沈阳地区应在4月末至5月初播种，土壤10厘米耕层地温稳定在12℃左右，土壤含水量15%~20%最适宜播种。②该品种幼苗拱土力弱，播种深度不能超过3厘米，镇压后覆土厚度为1.5~2厘米。③由于该品种抗倒伏能力强，可适当加大密度，每667平方米留苗6 500~7 000株，根据地力厚薄略做调整。④由于该品种根蘖较多，应注意在拔节后除掉根蘖。缺苗的地方可适当保留1~2个根蘖。⑤科学施肥，每667平方米施优质农家肥3 000千克做底肥，播种时施磷酸二铵15千克做种肥，拔节期和挑旗期分别追施尿素15千克和10千克。⑥注意防治害虫。⑦制种技术：母本与第一期父本同时播种，母本钻锥后播第二期父本。父母本种植行比为1:5或2:10。在苗期和拔节期要及时、彻底除掉杂株，严格防止混杂。

适应地区 适宜在辽宁省各高粱产区和华北、西北、西南等条件相似地区种植。

联系单位 同辽杂13号。

（八）锦杂100

品种来源 辽宁省锦州市农业科学研究所于1995年育成。是以外引不育系7050A为母本、以自选恢复系9544为父本组配的杂交种。先后进行了产量比较试验、省区域试验、生产试验，于2001年12月通过辽宁省农作物品种审定委员会审定。

特征特性 在辽宁省锦州市生育期126天。幼苗绿色，芽鞘绿色，叶脉蜡质。株高175厘米。穗长29.4厘米，穗紧，纺锤形，单穗粒重89.2克，壳褐色，籽粒橘黄色，千粒重32.5克，角质率57.5%，出米率80%以上。米白色，适口性好。籽粒蛋白质含量为12.3%，赖氨酸含量0.2%，单宁含量0.112%。籽粒既适于食用，又适于酿造。该杂交种具有多抗特性。经1997年和1998年接种鉴定，高抗丝黑穗病，较抗蚜虫，几年试验蚜虫为害轻。无叶部病害，活秆成熟。由于植株较矮，茎秆粗壮，抗倒伏性强。

产量表现 锦杂100增产潜力较大，一般每667平方米产量为500千克。1998年和1999年在辽宁省参加区域试验，2年平均单产为561.7千克，比对照锦杂93增产16.5%，比辽杂10号增产3.2%。1999年和2000年参加省生产试验，2年平均单产为523.6千克，比对照锦杂93增产13.5%，比辽杂10号增产3.4%。1999年锦州发生特大干旱，在170公顷大面积种植中，平均单产为538千克，比锦杂93高出18.8%。在葫芦岛地区及黑山县、兴城市等地试种也表现高产。锦杂100是一个高产、稳产、质优的杂交种。

栽培要点 ①适期播种,在辽宁省锦州地区以4月25日至5月10日为最佳播种期。②合理密植,每667平方米留苗密度为7000株。③增施肥料,以农家肥为基础,增施种肥15~20千克,以氮磷钾复合肥为佳,拔节期追施尿素20~25千克。④制种技术:该杂交种父本分两期播种,第一期与母本同时播种,当母本出现2片叶时,播第二期父本。母本与父本行比为6:1,父母本种植密度均为每667平方米7000株。

适应地区 适宜在辽宁省的锦州、葫芦岛、朝阳、阜新南部、铁岭、辽南等地区种植。

联系单位 邮编:121017,辽宁省锦州市农业科学研究所。

(九)赤杂16号

品种来源 内蒙古自治区赤峰市农业科学研究所于1993年以不育系繁8A为母本、恢复系7654为父本配制的杂交组合,1994~1996年进行产量鉴定,1997~1999年进行区域试验,1999年和2000年进行生产示范,符合新品种审定标准。

特征特性 赤杂16号在赤峰地区种植为中熟种,生育期118天,需大于或等于10℃积温2900℃~3100℃。株高167厘米,穗长25厘米,茎粗1.69厘米。有19片叶,穗中紧,圆筒形。黑壳、红粒,穗粒重78克,千粒重26克,角质中等。分蘖力强,抗倒伏,较抗病。

产量表现 1997~1999年参加赤峰市区域试验,与对照品种敖杂1号相比,10个试验点全部增产,每667平方米平均产量为543.9千克,增产19.06%。1999年和2000年参加赤峰市生产示范试验,平均单产为534.7千克,比对照增产12.8%。在黑龙江省肇源县、内蒙古自治区兴安盟及赤峰地区大面积种植,平均单产为536.5~601.1千克,比对照敖杂1号增产13.78%~17.44%。

栽培要点 ①施肥。每667平方米施农家肥1500千克,施种肥磷酸二铵 7.5 千克,结合耥地追施尿素 15～20 千克。②保全苗。精耕细作,适时播种,适当加大播种量,开沟深浅一致,下籽均匀,覆土 3 厘米左右。③合理留苗。肥力较好的地块,每 667 平方米留苗 6 500～7 000 株;中下等肥力地块留苗 6 000～6 500 株。④加强田间管理。在幼苗 3 叶期疏苗、松苗眼土,5～6 叶期定苗,7～8 叶期松土锄地,8～10 叶期追肥耥地。⑤制种要点:播种时父本先浸泡,露出鱼肚白后可与母本同时播种,即可花期相遇。每 667 平方米母本留苗 8 000～9 000 株,父本留苗 6 500 株。父母本行比以 1∶4～5 为宜。

适应地区　适宜在内蒙古自治区东部、华北北部以及东北地区种植。

联系单位　邮编:024031,内蒙古自治区赤峰市农业科学研究所。

(十)晋杂 12 号

品种来源　由山西省农业科学院高粱研究所李团银等人以新型细胞质不育系 A_2V_4A 为母本、抗旱恢复系 1383-2 为父本组配而成,是我国育成的第一个 A_2 雄性不育细胞质杂交种。该品种 1992 年通过山西省农作物品种审定委员会审定。

特征特性　生育期 123 天。株高 200 厘米左右,叶片深绿、半披。穗呈纺锤形,二三级分枝多。穗粒重 108 克,千粒重 31 克,红粒、红壳。籽粒含淀粉 70.75%,蛋白质 8.81%,赖氨酸 0.52%,脂肪 3.95%,单宁 0.39%。种子幼芽顶土能力强,发苗早。植株根系发达,抗旱能力强。灌浆速度快,对丝黑穗病表现免疫。

产量表现　1989～1991 年参加山西省区域试验,在 23 个点(次)中有 21 个点(次)增产,平均比对照品种晋杂 4 号增产 12.1%;1990 年和 1991 年参加山西省生产试验,在 19 个点(次)中,平均比对照品种增产 18.4%。该品种育成以来在全国大面积推广，一般每667平方米产量可达650～700千克，最高可超过800千克。

栽培要点 旱塬丘陵地区，根据当地的气候条件，采取以下种前1次深施肥料为主导的早播种（4月下旬为宜）、控密度（每667平方米6000～7000株）的栽培技术。水肥地种植，以5月上旬下种为宜。要早施肥，播种前1次深施；早浇水，拔节期浇水。及时防治蚜虫。灌浆期浇水防止早衰。

适应地区 适宜在山西、陕西、内蒙古、甘肃、新疆等省、自治区无霜期130天以上地区的水地和旱地种植，特别是在旱塬丘陵地区有较强的适应性。

联系单位 邮编：030600，山西省晋中市榆次区柳东北巷15号，山西省农业科学院高粱研究所。

（十一）晋杂18号

品种来源 是由山西省农业科学院高粱研究所王呈祥、白志良等人首次在国内利用克隆育种技术育成的高产、优质、多抗的高粱杂交种。该品种1999年通过山西省农作物品种审定委员会审定。

特征特性 生育期130天左右。株高185厘米，千粒重36克，黑壳、红粒，穗型中紧，呈纺锤形。该品种苗期叶片深绿，生长势强。株高适中，株型紧凑，茎秆坚硬，抗倒伏性强。植株高抗丝黑穗病和叶部病害，耐盐碱，抗逆性强，稳产性好。籽粒淀粉含量75.7%，蛋白质9.12%，脂肪3.48%。植株成熟时持绿性好，茎叶适宜做青贮饲料。是一个粮草兼用型的优良杂交种。

产量表现 于1996年和1997年参加山西省区域试验，比对照品种晋杂12号增产13.5%；1998年参加山西省生产试验，比晋杂12号增产16.2%。1998～2000年在山西省的忻州、太原、晋中地区示范推广中，每667平方米平均产量在750千克以上，最高单产1000千克。是目前晋中405和晋杂4号的替代品种。

栽培要点 4月下旬至5月上旬播种。田间最佳留苗密度为每667平方米7000株。施肥以1次深施为宜。蚜虫发生年份,要用1500倍40%乐果乳油或30%氧化氰乳油20毫升,对水75升喷洒或搅拌麦壳撒于地表熏杀。

适应地区 本品种属中晚熟品种。适宜在无霜期135天以上的中水肥地区种植。

联系单位 同晋杂12号。

(十二)龙杂6号

品种来源 黑龙江省农业科学院作物育种研究所焦少杰等以V_4A为母本、恢复系116为父本组配育成,2000年通过黑龙江省农作物品种审定委员会审定。

特征特性 龙杂6号生育期为125~130天,需大于或等于10℃积温2600℃。株高200厘米左右,植株繁茂健壮,整齐度好。穗长约32厘米,穗中紧型。籽粒浅褐色,千粒重26~30克。抗丝黑穗病。籽粒品质较好,含蛋白质9.58%,淀粉71.84%,单宁1.2%。是酿造型高粱品种。

产量表现 1995~1997年在黑龙江省内进行区域试验,每667平方米平均产量为526.1千克,比敖杂1号增产13.3%。1997年在生产试验中,平均单产为567.3千克,比敖杂1号增产19.8%。是高产、稳产的杂交种。

栽培要点 ①适时早播,一般在5月上旬气温稳定在10℃时播种。播前可催芽,当种子露白时即可下种,1次保全苗。②合理密植,株距20~25厘米,垄距70厘米,每667平方米留苗4500株左右。③每667平方米施种肥磷酸二铵15千克,并要与种子分开层次,防止烧苗。拔节前追施尿素15千克。④田间管理上,出苗后在5片叶时定苗,要三铲三耥,耥二遍地时要上过头土。秋季籽粒蜡熟末期及时收获。

适应地区　适宜在黑龙江省第一积温带和吉林省北部、内蒙古自治区等地种植。

联系单位　邮编:150086,黑龙江省哈尔滨市,黑龙江省农业科学院作物育种研究所。

(十三)龙杂5号

黑龙江省农业科学院作物育种研究所育成的优质酿造型高粱杂交种还有龙杂5号、龙杂3号、龙杂1号。

龙杂5号1999年通过黑龙江省农作物品种审定委员会审定,为中早熟中矮秆杂交种。株高170厘米左右,植株整齐,出苗至成熟110天左右。籽粒蛋白质含量9.3%,淀粉73.89%,单宁1.21%。穗中紧,纺锤形,抗黑穗病。区试中每667平方米平均产量为508千克,生产试验平均单产445千克。适宜在黑龙江省第二、第三积温带种植。

(十四)辽杂11号

品种来源　辽宁省农业科学院作物研究所于1991年以不育系7050A为母本、引进的恢复系148为父本配制而成的酿造专用红高粱一代杂交种,2001年12月通过辽宁省农作物品种审定委员会审定。

特征特性　该品种在沈阳地区种植生育期110~115天,属早熟种。株高187厘米。幼苗芽鞘红色,叶片深绿色。根系发达,生长势强,根蘖较多。叶片上冲,共有18~20片叶,叶脉浅黄、蜡质。穗长28.6厘米,穗中散,呈长纺锤形。籽粒整齐,壳紫红色,粒红色,千粒重33.9克,出米率82.5%,角质率55%。籽粒含蛋白质13%,赖氨酸0.26%,总淀粉68.78%,单宁1.49%。淀粉和单宁的含量适中,为酿酒的良好原料。该品种不仅抗多种叶部病害和丝黑穗病,而且也抗蚜虫。同时还抗旱、抗涝、抗倒伏。耐瘠薄,不易早衰，活秆成熟。

产量表现 经省内外多年多点试验，属高产、稳产品种。每667平方米平均产量为501.2千克，比对照品种增产11%。最高产量为722.6千克，比对照增产19.2%。

栽培要点 ①在沈阳地区最佳播期为4月25日至5月5日。以土壤10厘米耕层地温稳定在12℃左右，土壤含水量15%～20%为宜。②确保全苗，精细整地。播种深度不超过3厘米，镇压后的覆土厚度以1.5～2厘米为宜。③由于该品种植株较矮小，抗倒伏能力强，因而要适当加大密度，在中等肥力土地上，每667平方米种植7000株左右。④及时除蘖，以利于生长发育，若缺苗，可在相邻的植株上保留1～2个分蘖。⑤合理施肥，在中等肥力的地块上，每667平方米施农家肥3000千克做底肥。在播种时施用磷酸二铵10千克，在拔节期追施尿素15千克。⑥用甲胺磷和玉米面做成毒谷防治地下害虫，用速灭杀丁等农药及时防治粘虫和螟虫。⑦制种技术：先播母本，待母本长出2叶1心时播第一期父本，在第一期父本出苗后播第二期父本。父母本种植行比为1∶5或2∶10。生长期间要及时除掉各种杂株，在收割、晾晒、运输、脱粒和贮藏过程中，严防混杂，确保种子纯度。

适应地区 适宜在吉林省南部和辽宁省种植。也适于河北、山西、甘肃、青海、贵州、四川等省种植。

联系单位 邮编：110161，辽宁省沈阳市，辽宁省农业科学院作物研究所。

（十五）晋杂15号

品种来源 由山西省农业科学院高粱研究所张福耀等人选育。是一个早熟、丰产、酿酒专用高粱杂交种。该品种1998年通过山西省农作物品种审定委员会审定。

特征特性 在春播早熟区生育期127天左右，比晋杂2号晚熟3~5天。株高170厘米,穗粒重65.3克,千粒重22.5克。红壳、红粒,穗呈纺锤形。籽粒含淀粉75.5%,蛋白质9.73%,赖氨酸0.22%,单宁1.92%。该品种高抗丝黑穗病,抗倒伏,抗旱耐瘠性强。是酿酒用的优良品种。

产量表现 该品种1994年和1995年在寿阳县参加山西省区域试验,比对照赤育8号增产33.7%。1996年参加山西省生产试验,比对照晋杂2号增产17.7%。1997~2000年在山西省寿阳、朔州、天镇等地春播早熟区大面积推广种植,每667平方米平均产量为550千克左右,高产田可达750千克。

栽培要点 地表5~10厘米地温稳定在12℃时即可下种,一般在4月底至5月初。每667平方米留苗10 000株左右。

适应地区 适宜在无霜期130天左右的春播早熟区种植。

联系单位 邮编:030600,山西省晋中市榆次区,山西省农业科学院高粱研究所。

(十六)晋杂16号

品种来源 由山西省农业科学院高粱研究所张福耀等人选育。以黑龙11A为母本、自选恢复系2691为父本于1992年育成。是一个早熟、丰产、酿造专用高粱杂交种。该品种1998年通过山西省农作物品种审定委员会审定。是目前我国春播早熟区的换代杂交种。

特征特性 在春播早熟区生育期130天左右。活秆成熟,比晋杂2号晚熟5~7天。株高175厘米,穗粒重75.4克,千粒重26.5克。黑壳、红粒,穗呈纺锤形。二三级枝梗多,根系发达,茎秆粗壮。籽粒含淀粉77.68%,蛋白质10.05%,赖氨酸0.22%,单宁2.05%。是目前我国育成的淀粉含量最高的高粱杂交种。该品种高抗高粱丝黑穗病。秆矮、茎粗,抗倒伏。抗旱耐瘠性强。是酿造用的优良品种。

产量表现 1994年和1995年参加山西省品种(系)比较试验,2年每667平方米平均产量为547.6千克,比对照同杂2号增产88.6%,比赤育8号增产80%。1996年和1997年参加山西省高粱春播早熟区生产试验,2年18点(次)均表现增产,平均单产为375.6千克,比对照晋杂2号增产22.2%。1997~2000年在山西省寿阳、朔州、天镇等地大面积推广,平均单产500千克以上,高产田达到800千克。

栽培要点 ①适时早播。在山西省高寒冷凉区种植以早播为宜,一般应在5月1日前播种。播种深度3~4厘米。②早施肥。播前1次施足肥料,以增磷稳氮为原则,每667平方米施农家肥1 000千克,过磷酸钙70~80千克,硝酸铵40千克或磷酸二铵50千克。③合理密植。每667平方米留苗密度视地力不同而异,一般地8 000~9 000株,水肥条件好的地10 000株,旱塬地7 000~8 000株。④注意防治蚜虫。⑤穗下部籽粒达到生理成熟时及时收获。

适应地区 在我国无霜期135天左右的高粱春播早熟区均可种植。适应地区较广,已在山西、黑龙江、吉林、内蒙古、甘肃、新疆等省、自治区推广种植。

联系单位 同晋杂15号。

(十七)白杂6号

品种来源 吉林省白城市农业科学研究所于1982年以314A为母本、7616-533为父本进行杂交,经历代选育育成。1993年通过吉林省农作物品种审定委员会审定,被列为1994年和1995年吉林省高粱主要推广品种之一。

特征特性 白杂6号为中秆早熟种。出苗至成熟生育期116天,需大于或等于10℃积温2 440℃。平均株高198.5厘米。穗紧,呈圆筒形,穗长27.4厘米,穗粒重88.7克。颖壳红色,着壳率

4%左右。籽粒圆形、红褐色,千粒重平均27.6克,角质率33%,出米率75%左右。蛋白质含量7.73%,淀粉含量75.8%,最高达78.2%。食用品质中上等,酿造品质优良。

该品种抗叶病,中抗丝黑穗病,人工接种丝黑穗病,发病率为31%,但在几年区域试验和生产示范中黑穗病发病率均为零。抗低温冷害,对干旱等不良环境适应能力强,在任何环境下不早衰。对光反应迟钝,高温年比吉杂52晚成熟1~2天,低温年比吉杂52早1~2天。

产量表现 在吉林省3年区域试验中,每667平方米平均产量为477.8千克,比吉杂52增产13.86%。1992年白杂6号苗期遭受冻害,花期及后期温度偏低,干旱严重,但仍获得单产488.3千克的好收成,比吉杂52增产17.11%,比敖杂1号增产4%~9%。说明该品种在不良环境条件下,仍能获得稳产、高产。

栽培要点 在吉林省的白城地区,5月上旬播种为宜。每667平方米留苗7 300~8 000株。若保苗株数不足6 700株时,可根据缺苗情况留1~2个分蘖。该品种对土壤肥力要求不严格,但应施足底肥。根据情况追施复合肥料,及时中耕除草,防治谷子粘虫和地下害虫的为害。

适应地区 适宜在吉林省白城市、内蒙古自治区兴安盟以及黑龙江省的第一积温带和第二积温带的上线地区种植。

联系单位 邮编:137000,吉林省白城市农业科学研究所。

(十八)天杂9855

品种来源 甘肃省天水市农业科学研究所育成的高产、优质、白粒的高粱杂交种,组合为天引4A×天恢11。2001年9月通过甘肃省科技厅组织的技术鉴定。

特征特性 株高165厘米,株型中等紧凑。穗长28厘米,单穗粒重110克。红壳、白粒,千粒重33克。商品性好,籽粒食用和酿造兼用。天水市春播生育期124天,夏播生育期100天,属中熟杂交种。高抗黑穗病,中感红条病毒病。抗旱、耐瘠性较强。植株较矮,抗倒伏。籽粒蛋白质含量11.32%,淀粉73.35%,赖氨酸0.29%,单宁0.1%。具有高产、优质等特点。

产量表现 1999年和2000年多点试验,每667平方米平均产量为521.75千克,比当地大面积种植的抗四增产12.6%。在大面积示范中,平均单产为634.21千克,比对照抗四增产14%以上。在甘谷县麦后复种试验,平均单产590千克,比对照增产18.4%。

栽培要点 天杂9855的播种期、种植密度、施肥、浇水等技术与当地主栽品种相似,灌浆至成熟期要防鸟害、鼠害。在平川地区油菜茬复种时可露地栽培,浅山区应地膜覆盖。平川水地制种,父母本同期播种,母本露地种植,父本覆盖地膜。山旱地制种,全田覆膜穴播,分期播种,父本出苗后再播母本。父母本行比为2:10。每667平方米留苗密度,母本天引4A为8 500~10 000株,父本天恢11为8 000株。

适应地区 适宜在甘肃省的甘谷县、秦安县、通渭县等浅山梯田及平川地区种植。

联系单位 邮编:741000,甘肃省天水市农业科学研究所。

(十九)豫粱8号

品种来源 河南省商丘市农业科学研究所以不育系ATX 623(从美国引进)为母本、自选商恢5号为父本进行杂交培育的高产、优质、多抗的酿造型新品种。1999年4月通过河南省农作物品种审定委员会审定,并命名为豫粱8号。

特征特性 在河南省的商丘地区种植生育期为91天,属早熟品种。平均株高240厘米,穗长35.7厘米,中散穗,纺锤形。黄红壳,黄红粒,半角质,千粒重27.7克。籽粒含蛋白质9.88%,含淀粉72.16%,赖氨酸0.22%。该品种抗逆性强,无病害,抗鸟食、抗旱性强，叶面蜡质厚，较抗倒伏，丰产性好。

产量表现 试验中每667平方米最高产量在700千克以上。1996～1998年参加河南省区域试验，3年共参试18个点(次)，平均单产为469.6千克，较对照豫粱4号增产14.59%，居参试品种第一位。1997年和1998年在河南省进行生产示范，平均单产为468.3千克，比对照豫粱4号增产18.24%，产量仍居第一位。

栽培要点 ①选择地势平坦，土壤肥沃，地力均匀，阳光充足，排灌方便的地块种植。②适时播种，确保全苗，适宜的栽培密度为每667平方米4500株。夏直播宜早，播期以6月10日左右为宜。育苗移栽，应在移栽前20～25天播种。苗床起埂，埂宽80厘米，高30厘米。育苗地向阳，播种均匀，出苗后早间苗，育壮苗。当苗4片叶时，扒根晾晒。移栽前1天，埂边要洇水，整好地后浅栽，随栽随浇水，栽后3天松土保墒。③合理施肥，在施足底肥的基础上，每667平方米施10千克磷酸二铵做种肥。拔节期追施硫酸铵25～35千克。拔节和孕穗期可喷施过磷酸钙溶液或0.5%磷酸二氢钾和2%尿素溶液，进行叶面追肥，每667平方米可施50～70千克，既提高产量，也可使高粱早熟2～3天。④精细管理，在高粱3～4片叶时间苗，6～7片叶时定苗，留苗要均匀，剔除弱苗，及时中耕除草。⑤为防治病虫害，在7～8月份用40%氧化乐果乳油800～1000倍液喷雾，可防治高粱蚜虫为害。⑥适时收获，最适收获期为高粱蜡熟末期。

适应地区 适宜在河南省肥水充足的地区栽培。

联系单位 邮编:476000，河南省商丘市农业科学研究所。

(二十)湘两优糯粱1号

品种来源 系湖南省农业科学院土壤肥料研究所利用高粱温光互作核不育原理育成。以湘糯粱S-1为母本、湘10721为父本，用两系法杂交育成的糯高粱杂交种。1996年1月由湖南省农作物品种审定委员会审定。已列入国家科委“九五”国家级科技成果重点推广计划项目。

特征特性 湘两优糯粱1号为矮秆紧凑型品种。株高150～170厘米，茎秆粗壮，总叶片数16～18片，叶片上举。其特点为穗大、粒重，穗长25～35厘米。籽粒着粒密，一般每穗3 000～4 000粒，单穗重70～90克，大穗重可达150～200克，千粒重24克左右。该杂交种品质好，米质糯性，食味好。籽粒淀粉含量65.85%，糯高粱为支链淀粉。单宁含量0.29%，达到酿酒原料的育种目标；支链淀粉有利于提高出酒率的品质，适于酿造曲酒。也可以做食品加工原料和优质饲料。

湘两优糯粱1号在湖南省春播生育日数105天左右，秋播95天左右，比辽杂4号、内杂5号、晋杂4号生育日数短7～12天。属早熟种。抗高粱蚜虫和穗螟虫，抗纹枯病表现3级，并抗倒伏。

产量表现 历年表现高产。1991～1995年在湖南省品比试验中，春播每667平方米平均产量为460.7千克，比对照晋杂4号增产18.2%，比泸糯2号增产17.2%；秋季再生高粱平均单产为550～650千克。在省内外大面积示范中，一般平均单产为450～550千克，最高可达650千克以上。长江以南地区为一种两收(秋季留茬再生)，两季一般每667平方米产量为1 050～1 150千克，最高可达1 248千克。

栽培要点 适宜密植，每667平方米留苗8 000～10 000株。施足底肥，及时追施氮磷钾复合肥料，搞好病虫害防治。

适应地区 适应性广，在“九五”期间经18省、自治区试种示范，都有明显增产优势，特别适宜在半干旱区、移民区、三峡工程开发区、丘陵岗地以及与湖南省交界的周边省、自治区种植。

联系单位 邮编:410125，湖南省长沙市，湖南省农业科学院土壤肥料研究所。

(二十一)泸糯杂1号

品种来源 四川省农业科学院水稻高粱研究所以72A为母本、35R为父本进行杂交选育而成。

特征特性 在四川省生育期120天左右,属中熟种,它比青壳洋高粱早熟10天左右。幼苗绿色,芽鞘绿色。株高200厘米左右,茎秆粗壮,总叶片20~21片,中部叶片长82厘米、宽约10厘米,茎叶夹角约32°,株型较好。穗中紧偏散,呈纺锤形,穗柄直立、长约45厘米,穗长34厘米左右。护颖紫红色,籽粒黄褐色、椭圆形,大小中等,千粒重约25克,胚乳糯质、白色。酿酒品质好。籽粒总淀粉含量64%,其中支链淀粉占总淀粉的92.3%,蛋白质含量9.21%,单宁0.36%。属糯质杂交种,是酿造浓香型、酱香型及小曲酒的优质原料。抗炭疽病和黑穗病。

产量表现 1991年在四川和贵州省进行11个点的联合区域试验中,每667平方米平均产量为311.3千克,比对照青壳洋高粱增产27.9%。

栽培要点 播种期应以移栽时苗龄不超过30天为宜。川东南育苗移栽区4月上中旬播种,夏直播期不迟于5月底播种。春播每667平方米留苗8000株左右,间作套种5000~6000株;夏播10000株左右。每667平方米施农家肥2000~3000千克,纯氮8~10千克,五氧化二磷3~5千克。要施足底肥,及时追肥,注意中耕培土,防治蚜虫和钻心虫。

适应地区 适宜在南方高温多湿地区种植,也适于在多熟制地区间作套种。

联系单位 邮编:646100,四川省泸州市,四川省农业科学院水稻高粱研究所。

(二十二)泸糯杂3号

是由四川省农业科学院水稻高粱研究所育成的一个酿造、饲料兼用型品种,是用糯不育系45A与糯恢复系IR组配的杂交种,糯性早熟。一般每667平方米产量为450千克,比地方品种增产30%以上。生育期约120天,比青壳洋高粱早熟10天左右。株高中等,约180厘米,穗型中散。籽粒含蛋白质9.21%,总淀粉68%(支链淀粉含量占总淀粉量的95.8%),单宁含量0.36%。酿造大曲酒比粳高粱出酒率高3%,酿小曲酒比粳高粱出酒率高6%。

另外,四川省农业科学院水稻高粱研究所还育成泸杂4号、泸杂6号等新杂交种。泸杂4号属粳性,高产、再生力强。其组合为623AX晋粮50R。生育期120天左右,每667平方米产量为400~450千克,比青壳洋高粱增产30%以上。株高中等,约2米。穗型中散,籽粒红褐色,千粒重25克。籽粒蛋白质含量8.64%,总淀粉65.8%,单宁0.57%,酿制大曲酒出酒率与糯高粱相差不多。泸杂6号生育期120天左右,一般每667平方米产量400千克,酿造、饲料兼用,适宜在高温多湿地区种植。

(二十三)青壳洋高粱

品种来源 四川省农业科学院水稻高粱研究所从地方品种洋高粱的变异株中系统选育而成。属常规糯性品种。1990年由国家农作物品种审定委员会审定推广。

特征特性 青壳洋高粱生育期130天左右,属中晚熟种。株高250厘米。穗中散,成熟时穗向下弯曲。穗长28厘米,穗粒重50~60克,千粒重20~22克。籽粒糯性、黄褐色,壳有短芒。籽粒总淀粉含量67.8%,其中支链淀粉95%以上。蛋白质含量7.57%,单宁含量1.09%。玻璃质少,角质好,是酿酒专用糯型品种,也是四川和贵州酿造名酒的专用品种。该品种抗炭疽病和粒霉病，穗螟为害较轻。

产量表现 每667平方米一般籽粒产量为300千克以上，比当地农家品种增产10%以上。

栽培要点 清种每667平方米留苗6 000～8 000株为宜。注意施足底肥，合理追肥，适时中耕除草，防治虻蝇、蚜虫。田间防止倒伏。

适应地区 适宜在四川省南部、贵州省北部丘陵、低山区种植，也适合南方多湿高温的省份种植。

联系单位 同泸糯杂1号。

（二十四）沈农甜杂2号

品种来源 由辽宁省沈阳农业大学马鸿图教授等人以TX623A为母本、罗马为父本经组配选育而成。为生产酒精的甜高粱品种，并通过国家饲料牧草品种审定委员会审定。

特征特性 在辽宁省生育期130天左右，属晚熟品种。植株高大，平均株高350厘米。秆粗，直径为2.2厘米。籽粒成熟时茎叶鲜绿，茎秆可溶性固形物榨汁率65%，含糖量16%。茎叶氢氰酸含量极低，对人、畜安全。穗子呈散纺锤形，平均穗粒重75克左右，红壳，红粒，不着壳，千粒重32克。籽粒蛋白质含量10.39%，脂肪1.67%，纤维29.83%，赖氨酸0.25%，单宁0.142%，浸出物45.07%，符合粒用高粱籽粒标准。该品种根系发达，茎秆健壮抗倒伏，对黑穗病免疫，同时较抗叶斑病。抗鸟食。甜高粱为粮饲兼用的新品种，用途广泛，籽粒可做粮食、饲料和酿酒。茎秆可制作理想的青贮饲料。

产量表现 沈农甜杂2号生长繁茂高大，产量高，每667平方米产鲜茎叶5 000千克以上，产籽粒350千克。

栽培要点 ①密度。一般采用60厘米行距，株距22～50厘米，每667平方米留苗4 500～5 000株。如茎株用于酿酒，则不留分蘖;如茎叶用于饲料,要保留分蘖。②播种。播深不超过5厘米,覆土过厚难以出苗。③施肥。每667平方米施农家肥2000千克做底肥,磷酸二铵7.5千克做种肥。拔节后株高100厘米左右时,每667平方米追施尿素25千克。

适应地区 适宜在辽宁、山东、山西、陕西、广东、广西、贵州等省、自治区种植。已引种到意大利、日本和阿根廷等国。

联系单位 邮编:110161,辽宁省沈阳市,沈阳农业大学。

(二十五)晋杂(草)19号

品种来源 又名晋草1号。是山西省农业科学院高粱研究所张福耀等人利用高粱A_3细胞质雄性不育系SXIA为母本、苏丹草选系为父本,于1996年组配成的高粱苏丹草杂交种。2002年通过山西省农作物品种审定委员会审定。

特征特性 饲草高粱属C_4高光效作物,它再生能力强,生物学产量高,具有抗逆性强、适应范围广的特点,为一年生禾本科饲草。该品种生育期130天,株高280厘米左右。幼苗叶片紫色,叶鞘浅紫色,成株叶片17~19片。根系发达,分蘖性好,抗紫斑病,抗倒伏。刈割后植株再生力强,生长速度快,在水肥地更能表现其增产潜力。茎秆含糖量高而且鲜嫩,适口性好。以干基计分析结果,植株含蛋白质15.29%,脂肪2.96%,纤维16.87%,灰分10.77%,浸出物32.29%。鲜草含蛋白质3%。

产量表现 1996年参加山西省品比试验,3次刈割每667平方米产鲜草8200.4千克,比美国杂交草Sordan-Ma和Trudarg分别增产9.7%和11.7%。2000年参加山西省生产试验,6点(次)全部增产,2次刈割平均每667平方米产鲜草8754.9千克,比对照品种皖草2号增产10.5%。2001年7点(次)全部增产,平均每667平方米产鲜草11350.6千克,最高产量达到13126千克,平均比对照品种增产11%。1次性刈割每667平方米产鲜草6197千克,最高产量可达 7 256 千克。该草每 667 平方米青饲、青贮相结合可喂养 10 只羊或 2 头牛。

栽培要点 ①适时早播。一般应在 4 月下旬到 5 月上旬下种，每 667 平方米播种量 1.5 千克种子。②合理密植。适当疏苗，每 667 平方米留苗 20 000～30 000 株为宜。③刈割时期。养鱼一般应在植株 100 厘米高时开始刈割；作为青饲料饲养牛、羊，应在植株挑旗时刈割，留茬 10～20 厘米，刈割的青草可直接饲喂，也可晒干或青贮后饲喂。④保证水肥。有水利条件的种植地区要在刈割后浇水，增施氮肥以促进生长。

适应地区 适宜在全国大于或等于 10℃积温 2 300℃以上的所有地区种植。

联系单位 邮编：030600，山西省晋中市榆次区，山西省农业科学院高粱研究所。

（二十六）皖草 2 号

品种来源 安徽省农业技术学院通过高粱与苏丹草杂交选育而成。组合为 TX 623 A × 722（选）。1998 年通过国家饲料牧草品种审定委员会审定。是我国第一个通过品种审定的高粱与苏丹草杂交种饲草，它可以用于春播或夏播。

特征特性 皖草 2 号株高 250～280 厘米，茎秆粗壮，叶片肥大，长相似高粱。籽粒含蛋白质 10.06%，脂肪 3.14%，浸出物 51.4%。茎叶适口性非常好，营养价值高，适于做牛、羊、驴、鹿、草鱼等草食动物的主食青饲料。北京道地养殖公司把皖草 2 号打成浆后，加入一定量的饲料喂猪，效果非常好。该品种抗旱性极强，1999 年和 2000 年北京年降水量仅 300 毫米，在极度干旱的情况下，它仍青枝绿叶。抗逆性强，对土壤要求不严，不易倒伏，病害少。

产量表现 产量高，再生性强。在北京 1 年可以 3 茬。每 667

平方米产鲜草10000千克左右。在河南省的中南部1年可收4~5茬。每667平方米产鲜草13000~15000千克。在收割机重压下，仍表现出很好的再生性。

栽培要点 ①适时播种。北京地区一般在4月20日左右春播。夏播可在麦茬后播种，也可以和黑麦二茬轮作。在收完黑麦后，6月初播种可收两茬。采用24行播种机，行距45厘米，每667平方米播种量为1~1.5千克。播深3~5厘米。播种时每667平方米施种肥磷酸二铵4~5千克。②合理密植。一般每667平方米留苗18000~20000株。根据用途适当调节，用于喂鱼，密度可加大到20000~30000株，用于养牛，留苗10000~15000株。③田间管理。皖草2号自动调节能力很强，一般不必间苗。在拔节前每667平方米追施尿素10千克。④化学除草。出苗前每667平方米用都尔乳油100毫升，加阿特拉津50~100毫升，对水50升，进行化学除草。⑤防治病虫害。皖草2号抗病能力较强，轻感蚜虫和紫斑病，发病轻的情况下基本不用防治。连作易发生紫斑病，可用药剂进行防治。

适应地区 皖草2号在我国大部分地区均能种植，已先后在北京、河北、河南、内蒙古、山西等省、市、自治区试种或引种成功。

联系单位 邮编:233100，安徽省凤阳县，安徽省农业技术学院。

(二十七)高粱牧草1号

品种来源 以高粱A_3细胞质雄性不育系SXIA为母本、苏丹草722(选)为父本，1996年组配成的高粱-苏丹草杂交种。

特征特性 高粱牧草1号生育期95天左右，植株长相似高粱，白色籽粒。株高280厘米左右，幼苗叶片紫色，叶鞘浅紫色。叶片17~19片。根系发达，分蘖性强，茎秆粗壮，生长速度快，有4~6个分蘖。刈割后再生力强，茎叶鲜嫩，适口性好，营养丰富，是饲喂牛、羊、鹅、鹿、兔、鱼良好的青饲料。茎秆蛋白质含量

17.8%(一般饲料玉米茎秆蛋白质含量为7.5%~10%,普通玉米为4%~5%),脂肪1.46%,含糖量19.7%~21.5%,纤维30.82%,浸出物32.29%。前期抗旱,后期耐涝,抗病、抗虫,耐瘠薄,对土壤条件要求不严,适应性强。一般收2~3茬,用于青饲喂牛应在孕穗后刈割,过早刈割茎秆中氢氰酸含量较高。喂鱼可刈割5~6茬,每12~15千克鲜草可产活鱼0.5千克。

产量表现 1996年参加品种比较试验,3次刈割每667平方米共产鲜草8 800千克,比对照皖草2号增产43.4%。1998年在干旱严重的条件下,2次刈割每667平方米产鲜草4482千克,比对照皖草2号增产43.4%。2000年参加生产试验,2次刈割每667平方米产鲜草8 755千克,最高产量可达12 000千克。

栽培要点 ①适时早播。河南省一般在4月上旬至6月上中旬。②留苗密度。用于养鱼,每667平方米留苗20 000~30 000株;用于养牛,留苗10 000~15 000株。播种量每667平方米1.5千克。③刈割时间。养鱼一般在植株100厘米时开始刈割。可刈割5~6次。作为青饲料养牛可刈割2~3次。每次刈割时期应在植株生长到最后1叶挑旗时进行,留茬10~20厘米,确保地上有2~3个节。下霜前最后1次刈割。④保证水肥。刈割后浇水,每667平方米追施尿素5~8千克,促进植株生长。

适应地区 适宜在河南、安徽、湖北等省种植。

联系单位 邮编:450002,河南省郑州市,河南省农业科学院粮食作物研究所。

(二十八)高粱牧草2号

品种来源 河南省农业科学院用高粱A_1细胞质雄性不育系为母本、苏丹草772(选)为父本杂交选育而成。

特征特性 在河南省生育期95天左右,植株高度为250~280厘米,茎秆粗壮。籽粒白色,长相似高粱。叶片肥大,叶色深绿,叶脉有蜡质。有17~19片叶，分蘖力强。茎秆含糖量19.7%，茎叶鲜嫩，适口性好，可做牛、羊、鱼等动物的青饲料。植株营养丰富，含蛋白质18.37%，脂肪1.72%，纤维29.61%，灰分11.74%，浸出物31.55%。该品种前期抗旱，后期抗涝，抗病虫，耐瘠薄，轻度感染丝黑穗病。

产量表现 属高产牧草，一般每667平方米产鲜草6 000~10 000千克，最高可达12 000千克以上。较对照苏丹草增产20%~40%。

栽培要点 ①适时播种。河南省以4月上旬至6月上中旬播种为宜，一般待10厘米地温稳定在12℃时即可播种，越早越好。②留苗密度。用于养鱼以每667平方米留20 000~30 000株为宜，用于养牛留10 000~15 000株，播量为1.5千克。③刈割时期。养鱼一般在出苗后40天左右进行第一次刈割，以后每30天左右刈割1次。刈割时留茬15厘米左右。用于青贮饲料可在成熟后1次性刈割。④田间管理。刈割后需浇水，每667平方米追施尿素5.8千克，以促进植株生长。

适应地区 适宜在河南、安徽、湖北、湖南、浙江、四川等省以及北京市种植。

联系单位 同高粱牧草1号。

（二十九）健宝牧草

品种来源 健宝牧草是内蒙古自治区赤峰德农·松州种业股份有限公司和澳大利亚太平洋种子公司合作引进的牧草品种。属高粱和苏丹草杂交种。2002年1月经内蒙古自治区农作物品种审定委员会审定推广。

特征特性 健宝牧草属特晚熟种。株高400~450厘米，高大繁茂，分蘖多达8~22个，再生力强。该牧草茎叶比例中叶的比例大，叶量丰富，适于青饲和干草用。干鲜草比为1:3.2，高于苏丹草和皖草2号。营养成分高,适口性好。2001年赤峰市畜牧兽医研究所对不同收割期健宝牧草测定结果,蛋白质含量13%~22.5%,脂肪1.04%~2.01%,纤维25.05%~39.72%,浸出物36.9%~43.79%,灰分2.81%~10.34%。在适宜收割期(株高1.3米时),干物质总量93.94%,其中含蛋白质16.22%,脂肪1.92%,纤维26.53%,可消化率在60%以上。

产量表现 2000年在赤峰德农·松州种业公司科研所试种,每667平方米产鲜草9001千克,株高达400厘米。2001年在内蒙古自治区翁牛特旗玉龙种业公司种植,平均每667平方米产鲜草6314.5千克,干草1022.3千克,比皖草2号增产60.8%。在赤峰市畜牧兽医研究所试验,每667平方米产鲜草8799千克,比皖草2号增产91.3%(皖草2号4599.5千克)。在包头市种植,每667平方米产鲜草9010千克,株高420~450厘米。在黑龙江省富裕县塔哈乡试验,2次刈割,每667平方米共产鲜草11500千克,饲喂奶牛,每天每头增奶2~4升。

栽培要点 ①选地播种。健宝牧草是高产作物,要选择肥水条件好的台地或平地种植。播种时每667平方米施农家肥3000千克,磷酸二铵5~10千克。土壤温度稳定在10℃以上即可播种,行距45厘米,覆土3~5厘米,播后镇压,以利保墒。②播量及田间管理。每667平方米用种量为1~1.5千克,留苗20000~30000株。如有缺苗断垄,可坐水补种。及时中耕除草。在分蘖期和拔节期根据土壤墒情适时浇水,每次刈割后及时浇水。根据情况追肥,每667平方米追施尿素5千克左右。③收获。在出苗后40~45天,植株长到1.2~1.5米高度时,可第一次刈割;刈割后30~40天,植株长到150~200厘米时,可第二次刈割,第三次可在秋后长到200厘米高时刈割,1年可刈割2~3次。

适应地区 适宜在内蒙古自治区的通辽市、包头市、赤峰市、呼伦贝尔盟、伊克昭盟以及黑龙江省富裕县等地种植。

联系单位　邮编:024000,内蒙古自治区赤峰市,赤峰德农·松州种业股份有限公司。

(三十)谊源1号

品种来源　山西省农业科学院丰禾种业有限公司用引进的美国帚用高粱品种与我国农家帚用高粱品种杂交而成。

特征特性　株高300厘米左右。叶片平展,浅绿色。在穗的2/3部位开花结实,秫秒长60~80厘米。生育期春播110天,夏播100天左右。千粒重25~26克。

产量表现　夏播每667平方米产籽粒100~150千克,产高粱梢(又称高粱草)120~200千克。粗草收购价每千克3元左右,按长度分级后为精草,收购价为每千克5~6元。无论粗草或精草,均应呈浅黄色或豆青色。

栽培要点　谊源1号帚用高粱栽培技术与普通杂交高粱基本相同。①播种量每667平方米1千克,留苗8 000~10 000株。②播前施足基肥,拔节期适当追肥。③要特别注意做好防虫工作,尤其是苗期、喇叭口期喷菊酯类农药消灭蚜虫,以保证产量和产品质量。④蜡熟后期,籽粒变硬,穗、枝尚且青绿时应及时收获,收后扎成小捆,倒挂阴干。脱粒后对高粱梢加工整理,以粗草或精草销售。

适应地区　一般高粱生产区都可种植,无霜期短的地区宜春播,无霜期长的地区可以夏播或复播。

联系单位　邮编:030006,山西省太原市长风街2号,山西丰禾种业有限公司,电话:0351-7182533。

(三十一)新丰218

品种来源　安徽省界首市大黄镇农民徐公纯1996年从东北引进8穗长秒高粱(即长梢帚用高粱),在界首市高效农业示范园经过3年系统选育而成的一个新的帚用高粱品种。

特征特性 株高293～300厘米。突出的特点是分枝多,无穗轴。秫梢长40～50厘米,弹性强,不易折断。茎秆粗壮,气生根发达,因而耐旱抗涝,抗风抗倒,再生力强。籽粒饱满,千粒重26克。穗大粒多,每穗平均2500粒左右。对水肥要求不高,较耐瘠薄,适应性广。生育期春播90天左右,夏播85天左右。

产量表现 新丰218夏播,每667平方米产籽粒200～250千克,比当地普通高粱增产20%以上。籽粒用做酿酒原料。秫杪是制作笤帚的优质材料,当地收购价每千克2.2元。秫秸长而坚韧,可用于制箔,当地收购价每千克0.24元。种植新丰218综合经济效益较高,每667平方米产值1267元左右。

栽培要点 ①播种前精细整地,播种时施好种肥,每667平方米施尿素2～3千克,磷酸二氢钾2千克。②播前用激素处理种子,用九二〇(浓度为20毫克/千克)浸种6～8小时,晾干播种,可显著提高发芽率和发芽势。③适宜播期,淮北地区春播4月下旬,夏播6月5～15日,播深3.3～5厘米。④播种量每667平方米1～1.5千克,留苗5000～5500株。⑤高粱10叶期前后,追施攻穗肥。每667平方米施尿素10～15千克,磷酸二氢钾8千克,并结合浇水。⑥苗期防治地下害虫,喇叭口期防治螟虫、蚜虫。⑦在蜡熟末期、籽粒含水量15%～18%时收获最佳。⑧利用新丰218再生力强的特点,淮北地区春播高粱用镰刀收割,留茬8～10厘米。及时施肥、浇水、去蘖,生长56天,又可收获一茬再生高粱。

适应地区 适应性广,在安徽省北部地区不论是砂土、黄土、砂姜黑土,还是丘陵、荒坡、低洼地,均可种植。

联系单位 邮编:236500,安徽省界首市,界首市高效农业示范园。

第四章 燕 麦

燕麦是禾本科一年生草本植物,是一种重要的饲草、饲料及粮食兼用作物。按其外稃性状分为两大类,即带稃型和裸粒型,前者又称为皮燕麦,后者又称裸燕麦,世界各国栽培的燕麦主要是带稃型,绝大部分用于饲料。我国栽培的燕麦90%以上是裸燕麦,几乎全部是食用。裸燕麦在华北称之为莜麦,俗称油麦;西北称之为玉麦;东北称之为铃铛麦(现在也多称莜麦)。

一、燕麦的生产状况及发展趋势

(一)燕麦的生产状况

1. **世界燕麦的分布与生产** 燕麦虽是小宗作物,但世界五大洲的42个国家均有种植和分布,主要燕麦产区是北半球的温带地区。据联合国粮农组织统计,燕麦以欧洲种植面积最大,占世界燕麦播种面积的42.26%;其次是美洲,占15.9%;大洋洲、非洲、南美洲和亚洲种植面积较小。

全世界燕麦播种面积和总产量仅次于小麦、玉米、水稻、大麦和高粱,居第六位。据联合国粮农组织统计,1990~1994年,全世界燕麦年平均播种面积约2 033万公顷,总产量3 599.6万吨。每公顷平均产量1 773千克。种植面积最大的国家是俄罗斯,约349.88万公顷,占世界燕麦播种面积的17.21%;其次是美国、加拿大、澳大利亚、波兰等国。单产最高的是德国,每公顷7 110千克;其次是爱尔兰,每公顷6 450千克;再次是荷兰、英国,每公顷4 800~5 100千克。瑞士每公顷5 146.5千克,丹麦每公顷6 000千克。前苏联燕麦每公顷高产典型为10560千克。

2. 我国的燕麦生产与分布 燕麦在我国已有4000多年的栽培历史,它是一种粮饲兼用作物。据说燕麦最早起源于我国华北一带的高寒地区。燕麦喜冷凉、湿润的气候条件,是一种长日照、短生育期、要求积温较低的作物,很适合于我国北方长日照、无霜期短、气温较低的地区种植。分布广泛,北起黑龙江、内蒙古,南至云南、贵州,东起山东,西至西藏和新疆。目前,全国有黑龙江、内蒙古、河北、山西、甘肃、宁夏、陕西、青海等省、自治区的210个县(市)种植燕麦。其中主要产区是内蒙古的阴山南北,河北的燕山、阴山,山西的晋北、忻州、吕梁等地区,甘肃省的定西、通渭、漳县、会宁等县、区,播种面积约占全国燕麦播种面积的75%左右。其次是陕西、宁夏、青海的六盘山、贺兰山以及云南、贵州、四川三省的大凉山、小凉山,播种面积约占全国燕麦播种面积的20%以上。

现在,我国燕麦生产的状况是播种面积下降,单产提高。在20世纪50年代燕麦生产发展很快,全国播种面积最大时曾达到200万公顷左右。到了60年代下降到133.3万公顷。后来随着种植业结构调整,燕麦的种植面积逐年下降,2000年下降到30万公顷左右。但单产水平不断提高。据统计,1949~1986年间,全国燕麦平均每667平方米的产量为51千克,单产水平很低,近年来随着栽培技术的提高,新品种的推广,燕麦生产水平有了明显提高,其中山西和内蒙古平均单产为75千克,比80年代提高了47%。河北省燕麦平均单产达到100千克,比80年代提高了将近1倍。同时高产典型不断涌现,如1987年河北省张家口坝上农业科学研究所种植的冀张莜2号,每667平方米平均产量为363.94千克左右。1989年在河北省进行冀张莜4号大面积示范,平均单产301千克。在该省崇礼县狮子头乡种植小46-5的丰产田,单产达302千克。山西省推广的晋燕9号,在品种比较试验中,连续3年平均单产223.7千克。内蒙古自治区推广的内燕5号单产一直保持

250～300千克，最高达405千克，创我国燕麦单产最高纪录，1994年获内蒙古自治区科技进步三等奖。

3. **发展燕麦生产的意义**　燕麦籽粒营养成分丰富，有较高的食用、饲用价值，千百年来，它是我国高寒山区人民的主要粮食。山西民歌中唱道："交城山上没有好茶饭，只有莜麦面饽饦山药蛋"。这是过去一些北方山区人民生活的生动写照。

(1)*燕麦是营养丰富的食品*　燕麦含有丰富的蛋白质、脂肪、纤维和各种常量与微量元素。中国医学科学院卫生研究所对主要谷类食物的营养成分曾做过分析，其结果见表4-1，表4-2。

从表中可以看出，裸燕麦粉中所含的蛋白质、脂肪、纤维、钙、磷、铁、核黄素、各种氨基酸均高于小麦粉、大米、小米、高粱面和黄玉米面。裸燕麦粉的蛋白质平均含量为15%，比小麦粉高51%，比大米高92%，比小米高68%，比高粱面高1倍。裸燕麦的一些新品种其所含蛋白质更高。华北2号含蛋白质为18.4%；温泉苏鲁含蛋白质20.74%，最高可达23%。裸燕麦的脂肪含量为8.5%，是小麦粉、大米(籼米、粳米)、小米、玉米面的2～8倍。裸燕麦面可以做成各种风味小吃，不仅山区群众喜欢，在城市里也颇受欢迎。

(2)*燕麦具有一定的医疗保健功能*　近20年来，中国、美国、加拿大和日本等国通过医学临床观察和动物试验，明确了燕麦的医疗作用是：第一，食用燕麦片可以预防动脉硬化和降低血脂。据中国农业科学院作物育种栽培研究所与北京市18家医院临床研究证明，燕麦能有效预防和治疗高血脂症及心血管病。能降低胆固醇、甘油三脂、β-脂蛋白，总有效率达87.2%。能提高高密度脂蛋白胆固醇。第二，食用燕麦片能控制糖尿病的发展。燕麦蛋白质含量高，碳水化合物含量低，是糖尿病患者的理想食品。经临床试验，日服燕麦片50克代替其他主食50克，连续服用两个月后，空腹血糖平均值均接近正常值。第三，食用燕麦片能控制肥胖

表 4-1　主要谷类食物营养成分比较

（每 100 克食物含量）

营养成分	莜麦面	小麦面粉	稻　米		小　米	高粱面	玉米面	荞　面	黄米面
			籼　米	粳　米					
蛋白质(克)	15.00	9.90	7.80	6.80	9.70	7.50	8.90	10.60	11.30
脂肪(克)	8.50	1.80	1.30	1.30	1.70	2.60	4.40	2.50	1.10
碳水化合物(克)	64.80	74.60	76.60	76.80	76.10	70.80	70.70	72.20	68.40
热量(千焦)	1556.86	1481.14	1460.22	1447.66	1502.06	1410.01	1497.87	1481.14	1376.54
纤维(克)	2.10	0.60	0.40	0.30	0.10	1.20	1.50	1.30	1.00
钙(毫克)	58.00	38.00	9.00	8.00	21.00	44.00	31.00	15.00	—
磷(毫克)	321.00	268.00	203.00	164.00	240.00	—	367.00	180.00	—
铁(毫克)	9.60	4.20	2.40	2.30	4.70	—	3.50	1.20	—
硫胺素(毫克)	0.29	0.46	0.19	0.22	0.66	0.27	—	0.38	0.20
核黄素(毫克)	0.17	0.06	0.06	0.06	0.09	0.09	0.09	0.22	—
尼克酸(毫克)	0.80	2.50	1.60	2.80	1.60	2.80	1.60	4.10	4.30

注：1. 成人每天需蛋白质约 80 克左右；　2.“—”表示未进行测算

症。据报道,美国有个糕点大王,血脂过高,体重150千克,总胆固醇高达324毫克/分升。医生让他每天吃25克重的燕麦饼2~3个,3个月后体重明显下降,胆固醇降至175毫克,效果非常明显。

表4-2 主要谷类食物中氨基酸含量比较

(每100克食物中所含毫克数)

氨基酸种类	裸燕麦粉	小麦面粉(标准粉)	大 米(籼米)	玉米面(黄)	高粱面	小 米
赖氨酸	680	262	277	308	232	229
蛋氨酸	327	151	141	153	180	300
色氨酸	214	122	119	65	105	202
胱氨酸	537	272	162	201	197	170
缬氨酸	973	454	403	415	562	548
异丙氨酸	869	487	343	275	575	526
亮氨酸	1359	763	663	1274	1715	1489
苏氨酸	645	328	283	370	387	467
组氨酸	393	240	159	254	—	223
异亮氨酸	583	384	254	275	399	376
精氨酸	1115	460	545	394	342	388

(3)燕麦是畜禽的优质饲料　燕麦除籽粒用做饲料外,其茎叶也是优质饲草。从第一章中的表1-3看出,燕麦秸秆的蛋白质、脂肪、浸出物含量都高于其他谷类作物茎秆。燕麦茎叶繁茂,柔嫩多汁,适口性好,是优良的青饲料。饲喂青饲燕麦能够提高奶牛的产奶量,这是世界养牛业公认的一项有效措施。

(4)燕麦在调整种植业结构中的作用　燕麦抗旱、抗寒、耐瘠、耐碱,能够适应多种不良环境,在调整种植业结构、充分利用各种自然条件发展农业生产中有着特殊的作用。

(二)燕麦的发展趋势

燕麦的营养价值和特殊的医疗保健作用,越来越被人们认识。因此,世界上一些国家把发展燕麦和大豆等高蛋白作物,作为第二次绿色革命的主攻方向。燕麦片、燕麦粥已是欧美一些国家人民的主要早餐食品,燕麦片在我国也成为一种快餐食品,特别是受到糖尿病、心血管病患者和老年人的高度重视。燕麦粉也成为制作高级饼干、儿童食品的原料。燕麦食品从贫穷的高寒山区走进大中城市的超市,走上城市居民的餐桌。再加上发展畜牧业对饲草、饲料的需求不断上涨,燕麦在我国还有一定的发展空间。我国燕麦的发展方向,在最近若干年里仍然是以生产食用裸燕麦为主,积极培育粮饲兼用型品种,在局部地区因地制宜发展一些饲用燕麦。燕麦的发展途径有二:一是部分地恢复和扩大种植面积;二是采用优良品种,改进栽培技术,大力提高单产水平。前一条道路虽然还有希望,但希望不大,播种面积不可能恢复到历史最高水平。后一条道路是切实可行的,而且符合农业生产的发展规律。

引进和推广优良品种是提高产量的关键。目前,我国燕麦生产的水平较低,但增产潜力很大。20 世纪 60 年代,利用农家品种进行系统选种或杂交育种,先后培育出三分三、华北 1 号、华北 2 号、雁红号、蒙燕号、坝选号、冀张莜号等一批抗倒伏、抗旱、抗病、千粒重高的品种,比一般农家品种产量提高 10% ~ 25%。到 70 ~ 80 年代,培育出适宜高水肥滩地种植的冀张莜 2 号、内燕 2 号等新品种,适宜中肥水滩地种植的品 6、晋燕 7 号、内燕 4 号,适宜瘠薄旱地的晋燕 8 号、晋燕 5 号、内燕 1 号、品 14、品 16 等。这些新品种都发挥了很强的增产作用,一般增产在 50% 以上,有的大面积示范田,产量能成倍增长。到了 90 年代,又先后培育出内燕 5 号、坝莜 1 号、坝莜 2 号,利用花药培养出花早 2 号、花晚 6 号以及 8309-6 等新品种。这些品种的增产潜力更大,其中内燕 5 号创造了每667平方米平均产量405千克的高产纪录。前苏联也曾出现过每667平方米704千克的高产典型。这充分说明优良品种的增产作用,也显示出燕麦的增产潜力很大。

1949～1986年间,全国燕麦的单产水平每667平方米仅51千克。这并不能说明燕麦是低产作物,而是由于品种混杂退化和不合理的栽培方式所造成的。在燕麦主产区,人们也不太重视对这种作物的精耕细作,多为广种薄收,不施肥、不灌水,大部分种植在土壤瘠薄、干旱少雨的地区,加之田间管理粗放,导致单产很低。如果在选用良种的基础上实行配套高产栽培技术,单产就能大幅度提高。

燕麦高产栽培的技术措施主要是:①精细整地。我国燕麦生产多为旱作,播前一定要及时耕作,采取耙耱等措施做好保墒工作。②选种及种子处理。采用机选、风选、筛选等方法,选择饱满、发芽率高的种子。播前晒种2～3天,再用拌种双、多菌灵或甲基托布津拌种,防治燕麦穗部病害及地下害虫。③选择适宜播期。我国北方地区一般在3月底开始播种,至6月初结束。南方云南、贵州、四川地区一般在10月中下旬进行秋播,春播为3月下旬至4月中旬。④合理密植。根据不同的土壤类型、品种、种子发芽率确定播种量。瘠薄旱坡地每667平方米播种量为6～7千克,中等肥力地播种量为9～10千克,肥力较高的下湿滩地播种量为10～12千克。一般播种密度的原则是肥地宜密,薄地宜稀。⑤合理施肥。结合耕地,施足农家肥做底肥。一般每667平方米施农家肥1 500～2 000千克,过磷酸钙25～30千克,碳酸氢铵15～20千克。⑥加强田间管理。在燕麦生育期间,一般要中耕3次,拔大草1次。要防治坚黑穗病、红叶病、粘虫、土蝗、草地螟等病虫害,其所用的药剂,可根据病虫害的种类而有针对性地选择。

二、燕麦良种引种的意义和作用

(一)燕麦良种引种的意义

从不同的国家或从不同的燕麦产区引进的皮燕麦品种或裸燕麦品种,在当地进行生产试验,引种观察、鉴定,从中选出增产效果明显、抗逆性强并具有某一方面优异性的适合于当地种植的品种,可直接应用于生产的方法叫直接利用。或者通过引进品种与当地品种杂交,育成新品种的方法叫间接利用。实践证明,引种是简便易行、成本低、收益快、行之有效的措施。世界各国栽培的燕麦品种都是通过相互引种,并不断改造、衍生,逐步丰富起来的。因此,引种在燕麦生产中具有重要意义。

1. 国际间的相互引种 19世纪美国从俄罗斯引入俄国绿,又从中国引进大粒裸燕麦。欧洲大陆从英国引入维多利亚。我国在20世纪60年代从前苏联引入维尔1998,后定名为华北2号。1974年在全国推广种植面积13.3万公顷,是新中国建立以来推广面积最大的品种。后来又以华北2号做亲本,培育出蒙燕H-8474(华北2号×三分三)、冀张莜4号(永118×华北2号)、晋燕1号(华北2号×华北1号)、晋燕5号(华北2号×永99燕麦)、雁红10号(华北2号×三分三)等新品种,先后在各省推广。这些品种抗逆性强,丰产潜力大。永492由中国农业科学院引自法国,原名纳普里米。后经山西省农业科学院高寒区粮食作物所筛选、鉴定,经系统选种培育出小46-5,比华北2号增产20%~30%。利用小46-5做亲本,先后又培育出内燕4号(健壮×永492)、20-1(斯图特×小46-5)等新品种,在生产中也发挥了重要作用。

2. 省际间的相互引种 新中国成立以来,山西省从五寨农家燕麦品种中选育出三分三,在华北、西北燕麦产区广泛推广。后来晋燕7号又从山西省引种到内蒙古、河北、新疆、甘肃、宁夏、四川和黑龙江等省、自治区，推广种植面积有2.8万公顷。内燕5号除在内蒙古种植外，还引种到新疆、宁夏和云南等省、自治区种植，表现良好。雁红10号从山西省引种到内蒙古、河北等省、自治区旱地燕麦产区，成为当地的主栽品种。晋燕4号引到内蒙古自治区，也成为主栽品种之一。这些引种都是成功的范例。

（二）燕麦良种引种的作用

燕麦良种引种的作用主要是提高产量，改善品质。

1. 燕麦引种可以提高单位面积产量 维尔1998是引自前苏联。1963~1965年参加华北区品种区域试验，1965年在内蒙古、河北、山西3省、自治区的区域试验总结会上，定名为华北2号。一般每667平方米平均产量为100千克，比农家品种增产20%~30%。1971年中国农业科学院从法国引入纳普里米，1973年和1974年进行多点鉴定，定名永492。1975年和1976年参加生产试验，1976年在总结会上确定推广。一般平均单产200千克，比华北2号增产20%~30%。1980年该品种获得内蒙古自治区科技进步四等奖。内燕5号是由内蒙古自治区以永380(从丹麦引进皮燕麦品种)为母本、以引进品种华北2号为父本进行种间杂交而育成。1991年通过内蒙古自治区农作物品种审定委员会审定。一般每667平方米产量为250~300千克，最高产量可达405千克，创我国裸燕麦单产最高记录，使燕麦单产水平成倍增长。内燕4号是内蒙古自治区农业科学院以健壮(从比利时引进)为母本、永492为父本杂交而成。1986年大面积推广，平均单产180~250千克。蒙燕H 8313由578与赫波1号(引自匈牙利)杂交育成。这个组合1990年稳定。品比试验平均单产171.3千克，比对照内燕1号增产18.4%。这些品种的推广，大幅度提高了燕麦的单产水平，在生产上起到了重要作用。

2. 燕麦引种可改良现有品种的品质　蒙燕8008是内蒙古农业科学院以蒙燕7202为母本、斯图特(从美国引入)为父本进行杂交而育成。1986年稳定,每667平方米平均产量为210千克,比对照内燕4号增产6.33%。最突出的特点是籽粒蛋白质特别高,达到了20.74%,改良了原有品种的品质。蒙燕8202为复合杂交,其组合为(华北2号×永492)×〔华北2号×(健壮×永492)〕。1987年稳定,每667平方米平均产量为285.7千克,比永492增产17.7%。籽粒蛋白质为20.66%,成为高蛋白质含量的新品种。内蒙古自治区从中国农业科学院品种资源所引进Magna,为四倍体野生燕麦,具有高蛋白质、大粒等优良性状,通过杂交育成的高蛋白品系蒙燕优5号,1993年稳定。蛋白质含量为19.84%。燕麦的蛋白质含量通常在15%左右,而上述改良品种的蛋白质都在19.84%~20.74%之间,比一般燕麦提高了32.3%~38.3%,大大提高了燕麦的品质。

三、燕麦的栽培区划和引种原则与方法

(一)燕麦的栽培区划

由于我国地域辽阔,地形、地势复杂,气候多变,耕作栽培制度的差异,使燕麦产区既集中又分散。燕麦集中产区在高寒区,但高寒区又分布在许多省和自治区,所以其种植区域又很分散。根据各地的自然条件,燕麦的栽培分为秋燕麦区、夏燕麦区、夏秋燕麦交叉区和冬燕麦区4种。

1. 秋燕麦区　包括内蒙古阴山山脉以北的巴彦淖尔盟、乌兰察布盟和锡林郭勒盟,河北省北部的张家口市、坝上地区和承德地区以及山西省的晋西北等地区。这些地区的海拔在1200~2000米,最热月份平均气温20℃左右,属高寒地区,适合燕麦生长发

育。这类地区7月份无高温,但由于地处丘陵山区,春季长期干旱,土壤水分不足。为避过干旱,夺取丰收,常采用夏种秋收的耕作制度,因为7~9月份是多雨季节,能满足燕麦在整个生育期间对水分的需求。各地一般立夏至芒种之间播种,白露前后收获。在秋燕麦区内,因山峦重叠,丘陵起伏,沟壑纵横,地形复杂,所以根据地形和气候特点又将该区划分为3个不同的生态类型区。

(1)石山区　地势高寒,海拔在1 500~2 000米之间。土质肥沃、多腐殖质,自然植被良好,土壤流失较轻。无霜期90天左右,夏季凉爽。主要作物为燕麦和马铃薯。

(2)平川区　地势平坦,海拔在1 200~1 700米。年降水量500毫米左右,年平均温度5℃以下。燕麦抽穗、开花期最热月份平均气温20℃左右,最适合燕麦生长发育。无霜期110天左右。土壤为冲积土,比较肥沃,又可以在雨季进行洪水灌溉。燕麦是本地区的主要作物,种植面积约占粮食作物的1/3,单产较高。

(3)黄土丘陵区　地势起伏不平,海拔在1 500米左右。风沙大,水土流失严重,植被缺乏。气候较温暖,无霜期130天左右。燕麦种植面积大,约占粮田面积的30%以上。平均单产低,多为广种薄收。

2. 夏燕麦区　包括内蒙古自治区的土默特川、河北省张家口地区的平川及山西省的大同盆地和忻州盆地,海拔1 000~1 400米,年降水量450~500毫米,无霜期110~120天。这类地区地势平坦,耕作较精细,燕麦种植面积占粮田面积的15%左右。单产水平较高,平均产量每667平方米200~250千克。这些地区气温较高,在燕麦生育期间正遇高温。因此,燕麦种植多采用春播夏收,早播早收。一般在清明前后播种,7月中下旬收获。

3. 夏秋燕麦交叉区　该区属夏、秋燕麦交错的边山峪口地带。群众为了利用雨季的自然降水条件,提高燕麦产量,在播期上介于早播和晚播之间,种植二秋燕麦。耕作较精细,多为麦、豆间作,麦秋套种,单位面积产量较高。

4. 冬燕麦区 主要集中在纬度低、海拔高的云南、贵州、四川等省的高寒山区,海拔 2 000 ~ 3 000 米。气候凉爽,年平均温度 4℃ ~ 10℃。年降水量 700 ~ 999 毫米,多集中在夏、秋两季,冬、春干旱。这类地区多采用秋季播种,到第二年夏季收获,生产中采取提前播种,或选用小日期品种,以防春旱。

(二)燕麦的引种原则

燕麦是一种春化阶段较短、光照阶段较长的作物,必须有充足的光照,才能充分进行光合作用,制造营养物质,满足生长发育需要。但它具有特殊性,既是长日照作物,又是短日期作物,对光照反应非常敏感。光照对裸燕麦生长发育的影响,主要是每天见光时间的长短(即从日出到日落的时间),而与整个生育期间的日照总时数(晴天多少)关系不大。我国北部和西北高寒山区一般都适合燕麦的日照条件,而在西南地区引种时就应考虑当地的日照条件和燕麦的区划。

1. 秋燕麦区的引种 这个地区的自然条件是海拔高、气温低、降水少、日照长,干旱少雨,土壤瘠薄,耕作粗放,是限制燕麦产量的不利因素。引种的品种必须具备抗旱性强、耐瘠薄,中熟品种、小穗口紧。前期生长缓慢,分蘖力强,成穗率高;后期能在较低气温条件下正常灌浆、正常成熟。这一地区畜牧业比重较大,燕麦秸秆是主要的饲草来源。因此,要求燕麦品种产草量要高,籽粒产量能达到每 667 平方米 100 千克,如华北 2 号(需进一步提纯复壮)、小 46-5、冀张莜 4 号、冀张莜 5 号、冀张莜 6 号、晋燕 2 号、晋燕 5 号、坝莜 2 号等品种。

2. 夏燕麦区的引种 这一地区自然条件较好,年降水量较多,土壤较肥沃,精耕细作,一般具有灌溉条件。但夏季高温是不利因素。宜选用高产、抗病、抗早衰、早熟和中早熟的品种,如小

46-5、蒙燕7413、晋燕8号、晋燕9号、内燕4号、内燕5号、冀张莜2号、坝莜1号、花早2号、花晚6号等新品种，这些品种丰产性强、抗倒伏、抗病性强、适应性广。

3．冬燕麦区的引种 这一地区主要指云南、贵州、四川等省的燕麦产区。降水较丰富，土壤较瘠薄，耕作粗放，日照时数700小时左右，无霜期150天以上。这一地区均为旱作，春旱和锈病是生产中的不利因素。优良品种少，多种植农家品种。据全国区域试验表明，北方春性大粒品种在这一地区春播和秋播均能成熟，多数品种的抗逆性、经济性状和产量均比当地品种为好。因此，引入北方旱地品种可提供生产应用。但大面积引种必须做引种试验，不能盲目引种，以免给生产带来损失。

（三）燕麦的引种方法

引种方法简易可行，成本低，收益快，是多快好省的增产措施。具体方法和步骤是观察、鉴定、品种比较、生产示范等试验。

1．观察试验 根据当地的气候特点、栽培制度、土壤肥瘠，选择适宜的优良品种。引进品种和当地品种种在一起，一般每个品种种植2～4行，行长3米，行距33厘米。在燕麦生育期间对各品种进行仔细观察，调查农艺性状，了解引进品种在当地自然条件下的适应性、生育期、抗逆性以及产量构成因素。经过1～2年的观察试验，从中选出好的品种，以便进行鉴定试验。

2．鉴定试验 将观察入选的品种种在25～50平方米的小区内，与当地推广良种比较，详细记载生育期、农艺性状、产量表现、适应性、抗逆性等。引进品种小区产量比当地推广品种增产10%以上的，翌年才能参加品种比较试验或区域试验。

3．品种比较试验 将鉴定入选的品种分别种在66.7平方米的小区内，每隔2～4个品种种植本地推广品种以作对照，为矫正土壤差异的影响，可增加3～4个重复，以便对参试品种做出正确评价。为了缩短引种年限,也可进行异地多点试验与品种比较试验同时进行,以确定适应地区。几个小区平均单产比当地推广品种增产10%以上的品种,均可进行生产示范。

4. 生产示范试验　将通过品种比较的入选品种有计划地拿到各个地区种植,确定适应范围,为大面积示范做好准备。对引种的优良品种,必须建立严格的登记手续,把好的品种及时报告给有关单位,以便进一步供种和扩大示范试验。

四、燕麦的优良品种

(一)华北2号

品种来源　中国农业科学院从前苏联引入,原名维尔1998。1963~1965年参加华北地区品种区域试验,1965年在内蒙古、河北、山西3省、自治区区域试验总结会议上,定名为华北2号。

特征特性　属裸燕麦,春性,生育期95天左右。幼苗绿色,植株直立,整齐一致。叶片斜长,茎秆粗壮,株高120厘米左右。周散型穗,颖黄色,无芒,小穗为串铃形,穗长20~25厘米。主穗结实40~50粒,高水肥条件下达70粒,粒大、淡黄色,千粒重20克左右。品质较好。籽粒蛋白质含量15.76%,脂肪含量6.7%,赖氨酸含量0.56%。该品种前期生育快,分蘖力强,成穗率较高。高水肥条件下易倒伏,中抗黄矮病。

产量表现　一般每667平方米平均产量为100千克左右,高产者可达250千克,比对照品种增产20%~40%,甚至成倍增长。是内蒙古自治区的主栽品种之一,全国种植面积13.3万公顷。

栽培要点　该品种适应性较强,旱地栽培应晚播15~20天,每667平方米播种量9千克左右。

适应地区　适宜在河北省、内蒙古自治区、山西省的中等肥力水地、下湿滩地种植，旱滩地、缓坡地栽培也可获得较高产量。

联系单位 邮编：100081，北京市中关村南大街12号，中国农业科学院。

（二）冀张莜2号

品种来源 河北省张家口市坝上农业科学研究所以裸燕麦小46-5为母本、皮燕麦永118为父本进行杂交选育而成。

特征特性 在河北省张家口地区生育期80～90天。幼苗直立，苗色深绿。株型紧凑，株高90～100厘米，叶片上举。分蘖力强。侧散型穗，长串铃，内外颖为褐色，成穗率高，主穗小穗16～21个，穗粒数48～78粒，穗粒重1～1.5克，千粒重20～24克。该品种群体结构好，喜肥水，抗倒伏性强，耐黄矮病，抗坚黑穗病。

产量表现 在河北省3年区域试验20个点（次）中，每667平方米平均产量为190.5千克，比对照增产23.4%；参加河北省2年生产鉴定试验，平均单产202.5千克，比对照品种增产显著。在水浇地和肥沃二阴滩地种植，一般单产为200～250千克，最高可达363.9千克。历年表现高产、稳产。

栽培要点 在河北省坝上地区种植，适宜播期是5月20日前后。每667平方米播种量为10千克左右。一般每667平方米施农家肥1500～2000千克，有机质含量较高的地块，结合施过磷酸钙25～30千克和碳酸氢铵15～20千克。及时进行田间管理，防治地下害虫如地老虎、金针虫为害，可用甲基异柳磷等农药。

适应地区 适宜在水浇地和肥力较高的二阴滩地种植。

联系单位 邮编：076450，河北省张北县，河北省张家口市坝上农业科学研究所。

（三）冀张莜4号

品种来源 河北省张家口市坝上农业科学研究所于1972年

以皮燕麦品种永118为母本、裸燕麦品种华北2号为父本进行种间杂交培育而成。原名品5号。1994年经河北省农作物品种审定委员会审定,命名为冀张莜4号。

特征特性 在较肥沃平滩地和二阴滩地,可于5月20~25日播种。生育期88~97天,属中晚熟种。幼苗直立,深绿色,生长势强。株高100~120厘米,最高可达140厘米。株型紧凑,叶片上举。侧散型穗,短串铃,主穗长20.4厘米,小穗数18.7个,穗粒数39.8~60粒,穗粒重0.85克,千粒重20~22.6克。籽粒长纺锤形,浅黄色。籽粒含蛋白质13.38%,脂肪7.98%。该品种茎秆坚韧,抗倒伏。抗旱、耐瘠性强。群体结构好,成穗率高,成熟好,口紧不落粒。抗坚黑穗病,耐黄矮病。

产量表现 一般每667平方米平均产量为150~200千克。参加3年国家区域试验,平均单产152.5千克,比对照华北2号增产34.8%。参加3年生产鉴定,平均单产106.6千克,比冀张莜1号增产26.17%。历年表现稳产,增产显著。

栽培要点 适时播种。在较肥沃的旱坡地和旱滩地,5月25~30日播种;在瘠薄旱坡地和砂质壤土,于5月底播种为宜。在旱坡地每667平方米播种量为7.5~8千克,留苗20万~23万株;在较肥沃的坡地和旱滩地播量适当加大到8~9千克,留苗23万~27万株;在较肥沃的平滩地和二阴滩地播种量为10千克左右,留苗25万~30万株。

适应地区 冀张莜4号对土壤要求不严,每667平方米生产潜力为200千克以下的旱坡地、旱平地、较肥沃的平滩地和二阴滩地均能种植。适宜在河北省张家口地区的坝上坝头区及中部、北部地区种植。

联系单位 同冀张莜2号。

（四）冀张莜5号

品种来源 河北省张家口市坝上农业科学研究所采用皮燕麦和裸燕麦种间杂交培育而成。是粮、草兼用品种。

特征特性 在河北省坝上地区种植生育期95~110天，属晚熟种。幼苗直立，深绿色。株高90~110厘米，高者达140厘米。株型紧凑，叶片细长。周散型穗，短串铃。颖壳为褐色。主穗小穗数10~25.4个，穗粒数15~44.3粒，穗粒重0.45~0.98克，千粒重20~26克。籽粒长卵形，金黄色。该品种茎秆坚韧，抗倒伏。茎叶繁茂，产草量高，比三分三增产35.28%。抗旱、耐瘠性强，适应性广。不抗坚黑穗病和黄矮病。

产量表现 一般旱地每667平方米产量100千克左右。

栽培要点 由于冀张莜5号生育期长，在河北省张家口地区以5月上旬播种为宜。播前进行选种，为提高发芽率，播前可晒种4~5天。为防治莜麦黑穗病，用种子重量0.1%~0.2%的多菌灵拌种，拌药要均匀。播种时除施足农家肥外，每667平方米施尿素5千克或硫酸铵7千克，加施过磷酸钙10千克，拔节后及时追肥，一般追尿素10~15千克。每667平方米播种量10千克左右。适时收获，做到成熟一片收一片。

适应地区 适宜在每667平方米生产潜力为100千克的瘠薄旱坡地和旱平地种植。可在河北省张家口、承德市以及山西省、内蒙古自治区生态相同地区种植。

联系单位 同冀张莜2号。

（五）冀张莜6号

品种来源 河北省张家口市坝上农业科学研究所采用皮燕麦与裸燕麦进行种间杂交选育而成。

特征特性 在河北省张家口地区种植，生育期96~105天，属晚熟型品种。幼苗半匍匐，绿色。株高95～110厘米，高者达135厘米左右。株型中等，叶片上举。周散型穗，主穗小穗数12～25个，穗粒数16～45粒，穗粒重0.4～1.1克，千粒重26克左右，最重的达35.4克。该品种抗旱、耐瘠、抗倒伏力强，较抗黄矮病。

产量表现 在河北省参加3年区域试验，每667平方米平均产量为107.9千克，比对照三分三增产22.95%，增产极显著。参加2年生产鉴定，平均单产165.1千克，比三分三增产52.8%。历年表现高产、稳产。

栽培要点 由于生育期长，应及时早播。每667平方米播种量10千克左右。在施足底肥的基础上，施种肥尿素5千克，过磷酸钙10千克。加强田间管理，防治病虫害，及时收获。

适应地区 适宜在每667平方米生产潜力100～150千克的旱坡地、旱平地地区，如河北省、内蒙古自治区及山西省自然生态环境相似的地区种植。

联系单位 同冀张莜2号。

（六）坝莜1号

品种来源 河北省张家口市坝上农业科学研究所于1987年以冀张莜4号为母本、品系8061-14-1为父本，通过种间有性杂交，用系谱法选育而成。

特征特性 在河北省张家口地区种植，生育期90～95天，属中熟型品种。株高100～110厘米。株型紧凑，叶片上举。周散型穗，短串铃，穗部性状好，主穗小穗数20.7个，穗粒数57.5粒，穗粒重1.45克，千粒重24.8克。籽粒整齐，椭圆形，浅黄色。品质好，籽粒蛋白质含量15.6%，脂肪含量5.53%。该品种稳产性好，适应性广，抗旱、抗倒伏性强，轻感黄矮病，较抗坚黑穗病。

产量表现 一般每667平方米平均产量为150千克以上。1995年和1996年在河北省参加旱地区域试验，2年平均单产

160.3千克,比冀张莜3号增产18.95%。1996年和1997年进行生产鉴定,2年平均单产156.3千克,比对照冀张莜4号增产20.15%。坝莜1号是粮、草兼用品种,产草量比冀张莜1号增产2.7%。产量高,群体结构好。

栽培要点 选择地力水平在每667平方米产量可达150~200千克的肥沃平地、坡地、二阴滩地。播种期为5月25~30日为宜。一般每667平方米播种量为10~11千克,留苗30万株左右。在二阴滩地可适当加大播量。结合播种要施种肥,一般每667平方米施磷酸二铵5千克,尿素2千克为宜。

适应地区 适宜在河北省张家口肥沃平地、坡地、二阴滩地种植,也适合内蒙古、山西、甘肃等省、自治区同类型地区种植。

联系单位 同冀张莜2号。

(七)坝莜2号

品种来源 河北省张家口市坝上农业科学研究所于1988年以莜麦品系84113-7为母本、冀张莜4号为父本,通过种间有性杂交,系谱选育而成。其系谱号为8813-7-1。

特征特性 在河北省张家口地区生育期100天左右,属晚熟型品种。幼苗半直立,苗绿色,生长势强。株高117.4~131.4厘米,高者可达150厘米。株型松散,叶片上举,周散型穗,长串铃,主穗铃数20.9~36.3个,主穗粒数46.2~71.7个,主穗粒重1.03~1.56克,千粒重23.09克左右。成穗率高。籽粒稍长,浅黄色。品质好,籽粒蛋白质含量16.8%,脂肪含量5.69%。茎秆坚韧,抗倒伏能力强,群体结构好,成穗率高。抗旱耐瘠性强,适应性广。轻感黄矮病、坚黑穗病。口紧不落粒。

产量表现 1996年和1997年参加河北省张家口地区晚熟组旱地莜麦品种区域试验,2年每667平方米平均产量为170.5千克,比冀张莜5号增产17.2%。1997年在坝上进行生产鉴定试验，平均单产 140.92 千克，比对照冀张莜 5 号增产 22.71%。该品种产草率高，一般单产为 400 千克左右。

栽培要点 在河北省张家口地区适宜播期为 5 月 15～25 日，一般旱地每 667 平方米播种量为 9～10 千克，留苗 25 万～30 万株。播前要用 50%的多菌灵拌种，也可用种子重量 0.3%的甲基托布津拌种，防治坚黑穗病。结合播种，每 667 平方米施磷酸二铵 5 千克，尿素 2 千克做种肥。

适应地区 适宜在每 667 平方米生产潜力为 100～150 千克的旱坡地、旱平地种植。

联系单位 同冀张莜 2 号。

（八）花早 2 号

品种来源 河北省张家口市坝上农业科学研究所于 1991 年以早熟抗倒伏性强的皮燕麦品种马匹牙为父本、当地主栽品种冀张莜 2 号为母本进行杂交，然后回交，对回交的 F_1 进行花药培养，从花药 F_2 中选择单株，种成穗行，从中选择符合选种目标的穗行，作为产量和抗逆性鉴定的材料，经多次选育而成。2000 年 11 月通过河北省农作物品种审定委员会审定。

特征特性 生育期 80 天左右，属超早熟品种。幼苗直立，苗色深绿。株高 85～95 厘米，最高可达 110 厘米。株型紧凑，叶片上举，群体结构好。周散型穗，长串铃，主穗小穗 56.4～65.8 个，千粒重 23.5 克。籽粒短粗，椭圆形，浅黄色，饱满而且均匀，落黄好，口紧不落粒。品质好，籽粒含蛋白质高达19.17%，脂肪含量 3.13%，适口性好。该品种茎秆坚硬，抗倒伏能力很强，抗坚黑穗病，耐黄矮病。

产量表现 1996 年和 1997 年参加河北省张家口市早熟组莜麦品种区域试验，2 年每 667 平方米平均产量为 301.7 千克，比对照冀张莜 2 号增产 39%。1998 年进行生产鉴定，平均单产 198.6

千克,比对照冀张莜2号增产23.8%。1998~2000年进行大面积生产鉴定与示范,3年平均单产241.3千克,比对照冀张莜2号增产25.2%。历年表现高产、稳产,增产潜力大。

栽培要点　适宜播期,在河北省张家口市坝上地区播种以5月25~30日为宜。作为坝上中北部抗旱救荒品种,可在6月25日前播种,也能正常成熟。由于千粒重高,群体结构好,一般每667平方米播种量为10千克左右,留苗25万~30万株。施足底肥,并结合播种每667平方米施磷酸二铵7.5千克,拔节期和孕穗期追施尿素12.5千克。及时进行田间管理。防治蚜虫、粘虫为害,可用40%的氧化乐果及敌敌畏乳油稀释800~1 000倍液,每667平方米用药液40~50千克喷雾防治。莜麦生育期间及时中耕锄草2~3次,拔大草1次。

适应地区　适宜在河北省张家口市、承德市冷凉区及内蒙古自治区、山西省生态类型相似地区种植。因该品种喜肥耐水,可在高水肥条件的地块种植,还可作为坝上北部地区春旱救灾品种种植。

联系单位　同冀张莜2号。

(九)花晚6号

品种来源　以丹麦引进的普通栽培燕麦731为母本、以冀张莜6号为父本,1991年在河北省张家口市坝上农业科学研究所进行人工杂交,当年冬季在温室以F_1为母本、冀张莜6号为父本进行回交,1992年又采用花药培养,1993年和1994年连续2年观察选择,1995年进入品系鉴定圃,1996年和1997年参加品种比较试验,1998年和1999年参加区域性试验,1999年和2000年进行生产鉴定,2000年11月通过河北省农作物品种审定委员会审定,是一个粮、草兼用的莜麦新品种。

特征特性　幼苗半直立,苗色浅绿,分蘖力强,生长旺盛。平均株高 114 厘米，最高可达 125 厘米。产草量高，平均每 667 平方米产草 450 千克。侧散型穗，长串铃，小穗数 18.6～42.7 个，穗粒数 33.7～53.5 粒。千粒重 27.6 克，最高可达 33.6 克。籽粒长圆形，淡黄色。生育期 100 天左右，属晚熟品种。抗旱耐瘠，较抗黄矮病。籽粒蛋白质含量 17.3%，脂肪含量 4.72%，为高蛋白质低脂肪品种。适宜加工麦片，适口性好。

产量表现 1998 年和 1999 年参加河北省张家口市晚熟组莜麦品种区域试验，每 667 平方米平均产量为 180.7 千克，比对照冀张莜 6 号增产 21.8%。1999 年和 2000 年生产试验，平均单产 182.75 千克，比对照增产 24.2%。2000 年大面积示范田平均单产 194.9 千克，最高产量达 267.7 千克，增产显著。

栽培要点 ①在河北省张家口市坝上地区种植，适宜播种期在 5 月 15～20 日，最迟不晚于 5 月 25 日。②播种量，一般砂质旱薄地每 667 平方米 8 千克，在土壤较粘重的旱平地为 10 千克，基本苗 25 万株为宜。③结合播种，每 667 平方米施种肥磷酸二铵 7.5千克，在拔节孕穗期追施尿素 10 千克。

适应地区 适宜在河北省张家口市坝上地区的中下等肥力旱地种植。

联系单位 同冀张莜 2 号。

（十）晋燕 5 号

品种来源 原名五燕 2 号。系由山西省农业科学院五寨农业试验站以华北 2 号为母本、永 99 燕麦为父本进行杂交，于 1978 年育成。1985 年经山西省农作物品种审定委员会审定，定名为晋燕 5 号。

特征特性 在山西省五寨地区种植，生育期为 85 天，属中早熟种。株高 100 厘米左右，叶片窄而上冲。周散型穗，穗粒数 50～60 粒，千粒重 20 克。籽粒淡黄色，茸毛少。经中国农业科学院对其品质测定,籽粒含蛋白质17.36%,含脂肪6.3%,含赖氨酸0.64%。该品种分蘖力强,成穗率高。抗倒伏、抗旱,耐瘠,稳产。轻度感染红叶病。

产量表现 1981~1984年参加山西省莜麦区域试验,每667平方米平均产量为114.5千克,比对照晋燕3号增产25.5%。参加生产示范,经过2年6个点(次),平均单产为117.5千克,比当地对照品种增产22.5%。

栽培要点 播种前精细整地,播种期以芒种前后为宜。每667平方米播种量为9~10千克。土壤肥力较低的瘠薄地块,应施足底肥,追施氮磷钾复合肥,增产效果明显。

适应地区 适宜在山西省雁北、忻州、吕梁地区的高寒山区种植。

联系单位 邮编:036200,山西省五寨县,山西省农业科学院五寨试验站。

(十一)晋燕6号

品种来源 原名五燕4号。由山西省农业科学院五寨试验站于1974年以永75莜麦为母本、三分三莜麦为父本经过杂交选育而成。1987年经山西省农作物品种审定委员会审定,定名为晋燕6号。

特征特性 在山西省五寨地区生育期80~85天,属中早熟品种。幼苗直立,颜色深绿。成株叶片厚且上举,茎秆坚韧,有效分蘖多。株高90厘米左右。周散型穗,穗长20厘米左右,小穗串铃形,成穗率高,小穗数12~22个,穗粒数20.2~40.5粒。籽粒较大,淡黄色,茸毛少,千粒重18~23克。籽粒含蛋白质15.25%,含脂肪5.18%,品质优良。抗倒伏,轻度感染红叶病。

产量表现 1981~1984年参加山西省燕麦品种区域试验25个点(次),每667平方米平均产量为117.8千克,比对照晋燕3号增产31%。80%以上的试验点表现增产。1984年和1985年在山西省忻州、雁北地区大面积生产示范,2年8个点(次)均表现增产,平均单产107.6千克,比对照品种增产20%。

栽培要点 该品种生育期短,在秋燕麦区种植,以芒种前后播种为宜。因幼苗顶土力弱,应适当加大播种量达每667平方米8千克。施用农家肥做基肥,配合氮磷钾复合肥料,1次施入。在土壤肥力较差的地区,增施硫酸铵2.5~4千克,可达到增产目的。

适应地区 适宜在山西省莜麦产区土壤肥力中等的水、旱地或二阴下湿地种植,在高肥水条件下,产量较高。由于生育期短,在无霜期短的高寒地区也能种植。

联系单位 同晋燕5号。

(十二)晋燕7号

品种来源 山西省农业科学院高寒区作物研究所于1974年以皮燕麦73-1为母本、裸燕麦69613为父本杂交选育而成。1987年经山西省农作物品种审定委员会审定,定名为晋燕7号。

特征特性 在山西省大同市生育期90天左右,属中熟品种。幼苗半匍匐。叶片小而薄,但较宽。植株高度100厘米左右,分蘖适中。周散型穗,圆锥花序,小穗串铃形,内颖褐色,外颖黄色,穗粒数平均73.5粒,主穗小穗数28.7个,穗粒重1.6克,成穗率高。千粒重22.4克,籽粒黄色,鸡脊形。籽粒含蛋白质16.2%,含脂肪6.27%。适应性较广,抗倒伏性强。

产量表现 1981~1985年参加山西省莜麦区域试验,每667平方米平均产量为108.1千克,比对照品种增产19%。1983年在山西省左云、平鲁、浑源等县参加生产试验,平均单产为158.5千克,比对照品种增产34.1%。1984年在山西省天镇等4县7点(次)生产示范中,平均单产125.5千克,比对照品种增产35.8%。1985年在生产示范中平均单产101.4千克,比对照品种增产

20.8%。晋燕7号历年表现稳产、高产。

栽培要点 适时播种,合理密植,一般每667平方米播种量为8.5千克左右。由于该品种生育期较长,一般在拔节后每667平方米应追施氮肥,施硝酸铵5千克,在孕穗期追施尿素10千克,以促进植株生长。

适应地区 适宜在山西、内蒙古、河北、新疆、甘肃、宁夏、四川和黑龙江等地中等肥力土壤上种植。

联系单位 邮编:037004,山西省大同市,山西省农业科学院高寒区作物研究所。

(十三)晋燕8号

品种来源 原编号50-1。山西省农业科学院高寒区作物研究所于1974年以裸燕麦292为母本、皮燕麦赫波为父本经杂交选育而成。1991年通过山西省农作物品种审定委员会审定。

特征特性 在山西省秋燕麦区生育期90天左右,夏燕麦区85天左右。幼苗浅绿色,半匍匐。叶片细窄,分蘖力适中。株高90厘米左右,周散型穗,穗长17厘米,平均小穗数21.7个,穗粒数54.8粒,千粒重25.2克,籽粒纺锤形、白色、有光泽。籽粒含蛋白质18.47%,含脂肪5.75%,在脂肪酸分析中,亚油酸占41.275%。该品种前期生长缓慢,后期生长快。抗旱性强,较抗红叶病。

产量表现 1987~1989年参加山西省莜麦新品种区域试验,3年每667平方米平均产量为90.2千克,比对照晋燕5号增产9.3%。1988年和1989年参加生产试验,平均单产97.4千克,比对照晋燕5号增产16.6%。

栽培要点 ①晋燕8号种子发芽顶土力弱,出苗率较低。因此,需适当增加播种量,每667平方米留苗30万~35万株为宜。②后期生长较快,所以应加强后期管理,有条件的地方要适当追肥,以提高产量。

适应地区 适宜在山西、河北、内蒙古等地莜麦产区种植。

联系单位 同晋燕7号。

(十四)晋燕9号

品种来源 原名8713。山西省农业科学院高寒区作物研究所1986年以皮燕麦555为母本、裸燕麦69328为父本进行杂交,经连续多代定向培育选择而成。2002年4月通过山西省农作物品种审定委员会审定,定名为晋燕9号。

特征特性 幼苗直立,深绿色,叶片短宽上冲。株高100厘米左右。周散型穗,圆锥花序,穗长15~18厘米,小穗数25个。主穗粒数60个左右,穗粒重1.16克。籽粒长圆形、白色,千粒重23克。生育期88天左右。分蘖力较弱,成穗率高。茎秆粗壮,抗倒伏性较强,抗旱性强,较抗红叶病,适应性广。经农业部谷物品质监督检验测试中心测定,籽粒含蛋白质21.22%,含脂肪6.33%,含赖氨酸0.65%。

产量表现 1994~1996年参加山西省品比试验,3年每667平方米平均产量为223.7千克,比对照晋燕8号增产20.3%。1998年和1999年参加山西省莜麦新品种生产试验,2年平均单产为108.2千克,比对照品种增产27.5%。

栽培要点 ①适时播种,一般播种期在5月中下旬。②一般旱地每667平方米留苗30万株,高肥力旱地及滩地可留苗40万株。③每667平方米施优质农家肥1 500千克做底肥,硝酸铵10千克做种肥。在分蘖后期至拔节阶段,结合降水追施尿素20千克。④生长后期如发现粘虫,可用速灭杀丁等农药防治,尽可能将其消灭在3龄之前。

适应地区 适宜在山西省莜麦产区及自然条件相似地区的一般旱地种植,在下湿地种植增产潜力更大。

联系单位 同晋燕7号。

（十五）小46-5（永492）

品种来源 1960年中国农业科学院作物育种栽培研究所由法国引进，是以永492为基础筛选育成的优良燕麦品种。1972年山西省农业科学院高寒区作物研究所又将永492引入山西，经筛选、鉴定并育成新品种小46-5，1987年5月通过山西省农作物品种审定委员会认定并推广。

特征特性 在山西省生育期80～83天，属早熟种。幼苗直立，色深绿。叶片窄小，短而上举。株高80～90厘米，株型紧凑，茎秆较细，韧性强。有效分蘖平均3.2个，群体结构好，成穗率高，生长整齐。前期生长快，后期生长慢，灌浆期长。周散型穗，圆锥花序，短串铃，内颖黄色，籽粒长圆形、淡黄色。穗小而紧，小穗数少，每小穗结实2～3粒，穗口紧，不易落粒。千粒重19～22克。籽粒含蛋白质16.55%，含脂肪4.29%。该品种抗倒伏，喜肥水，高抗坚黑穗病，耐黄矮病。

产量表现 一般每667平方米平均产量为200千克左右。1975年河北省张家口市坝上农业科学研究所在崇礼县种植小46-5莜麦，平均单产高达302.2千克。1980年在山西省岢岚县大面积示范，平均单产200.25千克，比当地大莜麦增产1倍。1983年在连遭旱、雹、病、虫等多种自然灾害的情况下，仍获得好收成，比当地莜麦显著增产。

栽培要点 ①施足底肥。每667平方米施2000千克农家肥，增施磷酸二铵5～10千克。在水浇地一般应掌握"三水、两肥"原则。②土壤墒情好时应适时早播，以延长灌浆期，促进籽粒饱满。在山西省忻州地区，6月中旬播种，产量最高。为取得高产，可适当加大密度，肥水地一般每667平方米播种量为10千克，旱地16.5千克左右。据试验，每667平方米基本苗35万～40万株，总穗数70万～80万，成穗率60%，穗粒数30～35粒，穗重0.7～0.8

克,单产可达300千克。③适当追肥。在分蘖、拔节期和抽穗期分别灌水,追施分蘖肥和拔节肥,每667平方米施尿素10~15千克。

适应地区 适应性广,适宜在肥沃滩地或水浇地上种植。在山西、河北、内蒙古、云南和贵州等省、自治区均能种植。

联系单位 同晋燕7号。

(十六)雁红10号

品种来源 1968年山西省农业科学院高寒区作物研究所以华北2号为母本、三分三为父本进行杂交,经多年选育而成。1987年经山西省农作物品种审定委员会认定,1990年经国家农作物品种审定委员会确定为全国旱地莜麦推广品种。

特征特性 雁红10号生育期93天左右。株高90厘米。幼苗半匍匐。叶深绿色,叶表面有灰色蜡质层。茎细而坚韧,分蘖力强,成穗率高。周散型穗,穗粒数为79.6粒,千粒重23克左右。籽粒白色,呈纺锤形。籽粒蛋白质含量16.18%,脂肪含量4.1%。该品种抗旱性强,耐瘠薄,适应性较广。

产量表现 1972~1974年,雁红10号在品比试验中,每667平方米平均产量为198.6千克,比对照品种华北2号增产8%。1979年在山西省右玉县种植13.3公顷,到1984年发展到3000公顷,平均单产68.6千克,比对照品种增产20.4%。1984年在内蒙古自治区种植267公顷,平均单产87.5千克,比对照品种增产16.4%。

栽培要点 在夏莜麦区3月下旬至4月上旬播种,最适播期为清明前后5天。在秋莜麦区以5月中下旬播种为宜。由于该品种抗倒伏能力差,不宜在高水、肥地种植。每667平方米留苗30万株为宜。及时中耕除草,做好后期田间管理,可追施硝酸磷肥15千克。

适应地区 在山西、河北省和内蒙古自治区旱地莜麦产区均可种植。

联系单位 同晋燕7号。

(十七)雁红14

品种来源 山西省农业科学院高寒区作物研究所于1972年以华北1号为母本、三分三为父本杂交培育而成。1978年定名雁红14,1987年经山西省农作物品种审定委员会认定。

特征特性 在山西省大同地区种植,3月27日播种,7月14日成熟,生育期81天,属早熟种。幼苗半匍匐,色深绿。株高88厘米左右,分蘖中等,叶片较短而且少。后期茎、叶有灰色蜡质层。周散型穗,圆锥花序,小穗棒槌形,前期为灰绿色。内颖褐色,外颖灰白色。穗铃数少,20个左右。穗粒数约50粒,穗粒重1.2克,千粒重22克。籽粒纺锤形、白色,粒大。籽粒含蛋白质16.1%,含脂肪5.83%。该品种抗旱性比较强,耐瘠薄,适应性强。

产量表现 1972～1974年在13个品种的品比试验中,每667平方米平均产量为190千克,比对照品种增产12.4%。1974～1979年在山西和河北省的区域试验和示范中,平均单产100～205千克,比对照品种增产15%～24.8%。

栽培要点 在夏莜麦区3月下旬至4月上旬播种,在秋莜麦区5月中下旬播种,每667平方米留苗30万株左右。分蘖、拔节期可追施尿素5千克或硝酸磷肥15千克。

适应地区 该品种在夏、秋莜麦区均可种植。在夏莜麦区适时早播,既可利用早春地下返浆水和低温,又可避免7月份高温、干旱的侵害。在秋莜麦区,可种植两季。在山西、河北、内蒙古等省、自治区均可种植。

联系单位 同晋燕7号。

（十八）20-1

品种来源 山西省农业科学院高寒区作物研究所于1979年以皮燕麦斯图特为母本、裸燕麦小46-5为父本杂交选育而成。1994年经山西省农作物品种审定委员会认定。

特征特性 在山西省大同地区生育期83天，属早熟类型。幼苗直立，叶片短且上举，绿色。株高约110厘米，分蘖力较弱，茎秆粗壮。周散型穗，圆锥花序，小穗纺锤形，穗粒数70粒左右，单穗重1.6克，千粒重21.2克，穗长18厘米左右。籽粒白色，鸡脊形。籽粒含蛋白质17.5%，含脂肪5.27%。该品种稳产性好，抗倒伏性强，较抗红叶病，适应性广。

产量表现 1985～1987年在品比试验中，每667平方米平均产量为156.3千克，比对照品种增产24.6%。1987年和1988年参加山西省区域试验，在7个点种植中，平均单产93.5千克，比对照晋燕5号增产14.77%。1989年在山西省右玉、平鲁和天镇等县生产示范中，有较强的生长势，一般单产为120～140千克，比当地主栽品种增产15%左右。

栽培要点 施足底肥。由于20-1生长发育快，因此，在管理上要及时追肥，在燕麦3叶期追施尿素10千克，孕穗期追施硝酸铵15千克。适当密植，以群体获得高产。一般每667平方米留苗35万～40万株。

适应地区 适宜在莜麦产区的沟湾地、下湿滩地及旱地种植。

联系单位 同晋燕7号。

（十九）内莜1号

品种来源 1974年内蒙古自治区乌兰察布盟农业科学研究所以华北2号为母本、曼尔福特为父本杂交，连续多年选育而成。

特征特性 在乌兰察布盟生育期88～92天，属中熟种。株型直立,叶色深绿。株高115厘米。茎秆粗壮,分蘖力强,叶片茂盛,株型紧凑。小花结实率高。穗长17.2厘米,小穗数24~27个,穗粒数65~80粒,千粒重21.1~23克。该品种抗倒伏性强,但不抗秆锈病。

产量表现 1981~1983年参加内蒙古乌兰察布盟水地品种区域性试验,3年平均比对照永492增产11.62%,居第一位。1984年和1985年生产示范后确定为推广品种。1982~1984年参加内蒙古旱地莜麦品种区域性试验,在旱坡地上,3年比对照品种增产32.6%,居第一位。在旱滩地上,比对照品种增产22%,也是居第一位。

栽培要点 在夏播莜麦区4月初播种,秋播莜麦区可在5月中旬播种。每667平方米留苗30万株左右。在孕穗期追施尿素,有条件的旱滩地上,视旱情浇水1~2次。

适应地区 适宜在肥力较高的平滩地和二阴滩地种植。

联系单位 邮编:012000,内蒙古自治区集宁市,乌兰察布盟农业科学研究所。

(二十)内莜2号

品种来源 内蒙古自治区乌兰察布盟农业科学研究所1975年以赫波1号为母本、健壮为父本杂交育成。

特征特性 在乌兰察布盟生育期85~87天,属中熟种。幼苗直立,苗色墨绿。叶宽似小麦,叶片排列紧凑。株高100~110厘米,茎秆细而坚韧。周散型穗,穗长17~19厘米。单株粒重2.3~2.5克,千粒重23.7~25.2克。群体结构好,抗倒伏性强。

产量表现 1981年参加全盟水地莜麦区域试验,每667平方米平均产量为272.5千克,位居第一,比对照永492增产21.15%。1982年继续参加试验,平均单产279.2千克,比对照永492增产30.1%,仍为第一位。

栽培要点 内莜2号耐水肥，抗倒伏，适宜在中水肥偏上的条件下种植。在土壤肥力较高、灌溉条件较好的土地上能发挥其增产潜力。夏燕麦区应于4月上旬播种，播种量每667平方米8～9千克。基本苗30万～35万株，成穗37万～40万，产量可达275千克以上。

适应地区 适宜在乌兰察布盟莜麦产区种植，在山西、河北北部一些地区也可种植。

联系单位 同内莜1号

（二十一）内燕5号

品种来源 内蒙古自治区农业科学院小作物研究所于1973年以皮燕麦永380为母本、裸燕麦华北2号为父本配制组合，1991年通过内蒙古自治区农作物品种审定委员会审定，并命名为内燕5号。

特征特性 在内蒙古自治区生育期为90天左右。幼苗直立，深绿色。株高115～125厘米。株型、叶相好，分蘖力适中。周散型穗，圆锥花序，穗长20～22厘米，小穗串铃形，主穗小穗数30个，籽粒数65～75粒，千粒重20克左右。籽粒含蛋白质17.38%，比国内著名农家品种五寨莜麦高3.78%。

产量表现 内燕5号丰产、稳产性好。1984～1988年参加区域试验和生产示范，每667平方米平均产量为224～246千克。1989年大面积推广，在品种比较试验中，平均单产达405千克，创我国裸燕麦单产最高纪录。

栽培要点 内燕5号适宜水浇地种植。在夏莜麦区4月初播种，在秋莜麦区5月中下旬播种。每667平方米播种量为9～10千克。在莜麦4叶期追施尿素10千克左右。为防止黑穗病，在播前用拌种双拌种，用量按种子重量的0.2%为宜。

适应地区 适宜在各莜麦产区种植，以水浇地、下湿滩地为宜。在内蒙古自治区乌兰察布盟、包头市和呼和浩特市的7个旗、县广泛种植。被新疆、宁夏和云南等省、自治区引种,表现良好。

联系单位 邮编:010031,内蒙古自治区呼和浩特市,内蒙古自治区农业科学院。

(二十二)8309-6新品系

品种来源 甘肃省定西地区旱季农业研究中心于1983年以宁远莜麦为母本、73014为父本杂交,在定西半干旱生态区经多年选育而成。2000年7月通过甘肃省科技厅技术鉴定,已在甘肃省莜麦种植区大面积示范种植,种植面积达2.41万公顷。

特征特性 在甘肃省定西地区种植,生育期93~110天,属中熟种。幼苗直立、绿色,出苗率高,分蘖力中等。株高87~145厘米,圆锥花序,内外颖黄色,轮生层数5~6层。周散型穗,穗长18.3~23.7厘米,小穗数10.5~26个,穗粒数40.9~70.5粒,穗粒重1.16~1.48克。籽粒长卵形、淡黄色,千粒重20.9~28克,容重为每升644克。经甘肃省农业科学院测试中心分析,籽粒含蛋白质22.12%,含脂肪6.66%,含赖氨酸0.77%,含灰分2.26%。亚油酸含量占不饱和脂肪酸的40.38%。是当前推广品种中蛋白质和脂肪含量均很高的品种。该品种表现抗旱、抗倒伏,耐黄矮病。丰产性、稳产性好,适应性广。

产量表现 1994~1996年参加甘肃省旱地区域试验,在3年13个点(次)中,每667平方米平均产量为115.2千克,增产幅度在0.5%~25.9%之间。较对照定莜1号增产9.3%,产量居第一位。1995~1999年参加甘肃省生产试验及大面积生产示范,表现高产、稳产。1995年在甘肃省的岷县、定西、陇西、漳县等地试验,遭遇历史罕见的干旱年份,8309-6平均单产为62千克,比对照增产22.8%。在多点多年试验中产量一般为90~154.9千克,比对照品种增产20.3%~28.3%,最高单产为196.2千克。

栽培要点 应选择小麦或马铃薯为前茬，施农家肥做基肥，每667平方米1 000～2 500千克。结合播种施硝酸铵5千克做种肥。适宜播期在3月下旬至4月中旬，最佳播期在清明前后。播种深度为5～7厘米。每667平方米播种量6～7千克，旱坡地播有效种子22万～25万粒，川台地播25万～35万粒，留苗15万～27万株。用25%的多菌灵可湿性粉剂按种子重量的0.2%拌种，防治坚黑穗病。5月下旬至6月上旬及时防治蚜虫和预防红叶病的发生。

适应地区 适宜在年降水量400～500毫米、海拔1 400～2 300米的干旱地区及半干旱地区种植，特别适于海拔2 100米左右的甘肃省定西、通渭、漳县、渭源、会宁、庄浪等县以及生态类型相同的地区种植。

联系单位 邮编：743000，甘肃省定西地区旱季农业研究中心。

第五章　谷子(粟)

一、谷子的分布与生产状况

谷子又名粟。北方称谷子,去壳后为小米;南方为了与稻谷区别,称为粟谷或小米。谷子起源于我国,是一种非常古老的农作物。在世界上主要分布在亚洲和非洲,中国和印度是主产国。我国的总产量占世界的80%,印度占10%。此外,在巴基斯坦、澳大利亚、俄罗斯、马里、苏丹、伊朗、阿根廷、美国、法国等也有少量种植。

谷子在我国分布极其广泛,东起台湾,西到新疆、西藏,南起海南岛崖县,北到黑龙江黑河,到处都有种植。但主要产地还是集中在北纬32°~48°、东经108°~130°之间,即淮河、秦岭以北,河西走廊以东,阴山山脉、黑龙江以南,渤海以西地区。种植面积最多的是河北、山西、内蒙古,其次为陕西、辽宁、河南、山东、黑龙江、甘肃、吉林,这10个省和自治区的谷子种植面积占全国的97%。半个世纪以来,我国谷子生产呈萎缩趋势。1952年种植面积为1 000万公顷,总产量为历史上最高年,达到1 155万吨;1986年种植面积下降到298万公顷,总产量454万吨,与1952年相比,面积减少了70.2%,总产量下降了60.7%。山西省是我国谷子主产地之一。1952年种植面积89.8万公顷,占当年该省谷物种植面积的23.6%;总产量96.47万吨,占当年该省谷物总产量的30.29%。到1998年种植面积为30.44万公顷,占谷物总面积的12.25%;总产量64.22万吨,占谷物总产量的6.9%。2001年继续下滑,种植面积为21.8万公顷,总产量32.2万吨。2001年与1952年相比,种植面积减少 75.7%,总产量减少 66.6%。

我国谷子的播种面积虽然大幅度滑落,然而随着生产条件的改善和科技的进步,单产水平有很大提高。1952 年每 667 平方米平均产量为 77 千克,1986 年上升到 101.6 千克,提高了 31.9%。单产较高的省份是山东和吉林,较低的省份是陕西和甘肃。1998 年山东谷子平均每 667 平方米产量为 274.6 千克,而陕西省尚不足 57 千克。各地出现的谷子生产先进单位,单产水平更高。山西省壶关县晋庄 1970 年以后,26.27 公顷谷子,连续几年每 667 平方米产量稳定在 400 千克左右,高产地块达到 587 千克。这些高产纪录,揭示出我国谷子生产仍具有较大的增产潜力。

二、谷子的开发利用

从 20 世纪 50 年代开始,我国谷子生产在起伏波动中呈下降趋势。到 80 年代后半期,谷子生产形势急转直下,种植面积逐年大幅度跌落。究其主要原因,前期是由于小麦、水稻的生产发展很快,有了“细粮”,人们食用小米的需求量明显减少;后期是种植业结构调整,经济作物面积迅速扩大,谷子等“粗粮”面积缩小。这是社会发展和农业生产发展规律所决定的。今后只要没有从谷子中开发出附加值更高的产品,谷子生产不会有更大的恢复与发展。当然,目前谷子生产已经跌入低谷,继续衰落也没有多大空间。由于谷子在国民经济和农业生产中有着不可替代的作用,所以在适宜谷子生产的地区,仍然应该因地制宜地适当恢复和发展谷子生产,并注意开发新产品,开拓大市场。

(一)谷子的食品开发利用

小米含有丰富的营养物质。据中国农业科学院对全国不同产区的 312 个品种样品分析,蛋白质含量 7.25% ~ 17.5%,平均

12.38%;赖氨酸含量占蛋白质的1.16%~3.65%,平均2.4%;脂肪含量2.54%~5.85%,平均4.2%。小米的产热量大于小麦面粉和大米;蛋白质含量与小麦面粉差不多,高于大米;脂肪含量比小麦面粉和大米都高,而且脂肪中主要是亚油酸等不饱和脂肪酸,有益于人体健康。小米中必需氨基酸指数较高,因此营养价值高。小米中还含有丰富的维生素和矿物质。单纯从营养成分的角度看,小米确实不亚于“细粮”大米和小麦面粉。过去农村缺乏滋补营养品,生小孩的妇女一定要给喝小米粥,不是没有道理的。但是小米的食用方法非常单调,主要是煮粥,其次以小米面做煎饼、发糕,因此消费量不大。今后需在开发新产品上下功夫,一则可以改善人们食物的营养状况,二则能够带动谷子生产。山西省农业科学院经济作物研究所的科技人员,利用小米开发出小米饮料、小米方便粥等产品,市场上也出现了牛奶小米粉、南瓜小米粉、杏仁小米粉等新产品,这些都是可喜的苗头。

(二)谷草的饲料开发利用

谷子秸秆(农民称谷草)历来是家畜的重要饲草。谷草中含蛋白质3.16%,脂肪1.35%,纤维31.5%,浸出物44.3%。据畜牧专家分析,谷草中的可消化蛋白质为0.7%~1%,可消化总养分为47%~51.1%。前者比麦秸、稻草高0.2%~0.6%,后者比麦秸、稻草高9.2%~16.9%,其饲料价值接近于豆科牧草。冬、春饲草缺乏季节,谷草的价格很高,可为农民增加不少收入。谷粒、谷糠又是家禽优质饲料。所以如何利用现代科学技术,从谷粒、谷草上开发新型饲料产品,特别是对农区发展畜牧业是一件很有意义的工作。

(三)谷子在种植业结构调整中的开发利用

谷子是特别能耐旱、耐瘠的作物。农民在实践中早就认识到谷子的这一特性。古老的农谚说:“饿不死的猪,旱不死的谷”(北方),“只见青山旱死竹,不见地里旱死粟”(南方)。谷子的蒸腾系数比其他作物都小,对水分的利用效率很高。在干旱地区、干旱年份,或是在比较瘠薄的土地上种植谷子,能够获得较好的收成。因此,谷子在种植业结构调整中有着不可替代的作用。另外,谷子特别耐贮藏,在救灾备荒工作中有特殊的意义。在过去的抗日战争年代里,谷子曾经发挥了特殊的作用,赢得了“小米加步枪战胜敌人”的美誉。

我国谷子产量占世界的80%,在国际市场上是“独家经营”的产品,价格也很高。国内市场1千克小米2.6元人民币,同期在意大利为41.6~43.9元。问题是我们只出口少量谷粒、小米和谷穗(喂鸟饲料),市场需求量极少。如能开发出精细产品,努力开拓国际市场,谷子生产还会有一定的发展空间。

三、谷子的生态区划

谷子的生态区划是引种工作的基本依据。有人分为3个区:东北春谷区、北部高原春谷区、华北夏谷区;有人分为4个区:东北平原区、华北平原区、内蒙古高原区、黄土高原区;有的专家则主张分为春谷特早熟区、春谷早熟区、春谷中熟区、春谷晚熟区和夏谷区5个区,其中包括11个亚区。因为第三种方法划分较细,对引种工作更具有指导意义,现介绍于下。

(一)春谷特早熟区

1. **黑龙江沿江及长白山高寒特早熟亚区**　包括黑龙江沿江各县和长白山高海拔县份。谷子生育期100天以下。对温度和短日照反应中等,对长日照反应敏感。植株矮小,不分蘖。

2. **晋、冀、蒙长城沿线高寒特早熟亚区**　包括内蒙古自治区中部南沿、山西省西北地区和河北省北部坝上高寒地区。谷子生育期100天左右。对日照和温度反应敏感,适应范围小,抗旱性强。

(二)春谷早熟区

1. 松嫩平原、大兴安岭南早熟亚区 包括除松花江平原和黑龙江沿线以外的黑龙江省全部、吉林省长白山东西两侧、内蒙古自治区大兴安岭东南各旗。谷子生育期100~110天。该区谷子对短日照、温度反应中等,对长日照反应不敏感。植株较矮小。

2. 晋、冀、蒙、甘、宁早熟亚区 包括河北省张家口坝下,山西省大同盆地及东西两山高海拔地区,内蒙古自治区中部黄河两侧,宁夏回族自治区六盘山地区,甘肃省陇中和河西走廊,北京市北部山区。谷子生育期110天左右。品种对日照反应敏感。植株矮小不分蘖,抗旱性强。

(三)春谷中熟区

1. 松辽平原中熟亚区 包括黑龙江省松花江平原,吉林省松花江上游河谷及长春、白城等地,内蒙古自治区赤峰、通辽市山地和西辽河灌区。品种对短日照反应中等,对长日照反应不敏感至中等。

2. 黄土高原中部中熟亚区 包括河北省西北部山地丘陵,山西省西部黄土丘陵和东部太行山地区,陕西省北部丘陵区和长城以北风沙区,甘肃省陇中干旱区,宁夏回族自治区中部黄土丘陵区。谷子生育期110~120天。品种抗旱、耐瘠,对长日照反应中等至敏感。

(四)春谷晚熟区

1. 辽、吉、冀中晚熟亚区 包括吉林省四平市,辽宁省铁岭平原和辽西北丘陵、辽东山区,河北省承德丘陵山区。谷子生育期110~125天。对短日照反应中等,对长日照反应不敏感。植株较高。

2. 辽、冀沿海晚熟亚区 包括辽东半岛、辽西走廊,河北省唐山地区。谷子生育期120天以上。株高中等。

3. 黄土高原南部晚熟亚区 包括山西省太原盆地、上党盆地、吕梁山南段,甘肃省陇东丘陵及陇南少数地区,陕西省延安地区,北京市西山。谷子生育期120~125天。对短日照反应中等至敏感,对长日照反应中等。植株高大繁茂。

(五)夏谷区

1. 黄土高原夏谷亚区 包括山西省汾河河谷地带、临汾和运城盆地、泽州盆地南部,陕西省渭北旱塬和关中平原。谷子生育期80~90天。对短日照反应中等到敏感,对长日照反应不敏感。植株较高,千粒重较高。

2. 黄淮海夏谷亚区 包括北京市、天津市以南,太行山、伏牛山以东,大别山以北,渤海和黄海以西的华北平原。品种多为早熟类型,生育期80~90天。对短日照反应不敏感,多为中早熟类型。

四、谷子的良种条件及引种规律

(一)谷子良种的条件、优质小米和良种种子的标准

1. 谷子的良种条件要求 谷子良种的概念包括两个方面:一是要具有优良种性,即品种品质;二是要具有优良的播种品质,即优良的种子。品种品质主要是产量、品质、抗性及这些优良性状的遗传稳定性。良种是相对的,不同时代、不同地区要求良种的条件不同,同时又是发展的、变化的。四五十年前,对谷子良种要求的

条件就比较低,要求耐旱、耐瘠薄,稳产。以后随着社会经济的发展,生产条件的改善,对良种的要求也就逐渐提高,要求多抗、耐肥水、高产。人们的温饱问题基本解决之后,对谷子不仅要求高产,而且十分重视优质。总的来说,现在对谷子良种的要求有以下几个方面:一要增产潜力大,应该比现有品种增产10%～15%;二要品质好,米质优于当前的生产用种;三要抗逆性强。但不同地区、不同播种方式(春播、夏播)对良种的要求还各有侧重。在北方春谷区,要求早熟,耐寒、耐旱,粮、草均高产;南方春谷区,要求耐肥水,中晚熟,增产潜力大。夏播区要求耐高温、耐高湿,生育期伸缩性大,高产。谷子的品质主要指该品种谷子脱壳后小米的品质。

2. 优质小米的标准 目前多参考河北省制定的《优质食用粟品质及其测定方法》,分为粳、糯两类各两个等级。现分述如下:

(1)优质粳粟米

一级米 蒸煮时有浓郁的香味,米饭粒完整、金黄,软而不粘结,食味好,冷却后不回生变硬。蛋白质含量不小于12.5%,脂肪含量不低于4.6%,维生素含量不小于7毫克/千克,支链淀粉含量14%～17%,胶稠度不小于150毫米,碱硝指数级别(糊化温度指数)不小于3.5。

二级米 米饭粒完整、金黄,软而不粘结,食味较好。蛋白质含量不小于11.8%,脂肪含量不低于4.2%,维生素含量不小于6.5毫克/千克,支链淀粉含量17.1%～20%,胶稠度不小于115毫米,碱硝指数级别不小于2.5。

(2)优质糯粟米

一级米 蒸煮时有香味,饭粒完整、很粘,食味好。蛋白质含量不小于12.5%,脂肪含量不低于4.6%,维生素含量不小于7毫克/千克,支链淀粉含量不大于2%,胶稠度不小于180毫米,碱硝指数级别不小于3。

二级米 米饭粒完整,粘性较大,食味较好。蛋白质含量不小于11.8%,脂肪含量不低于4.2%,维生素含量不小于6.5毫克/千克,支链淀粉不大于5%,胶稠度不小于180毫米,碱硝指数级别不小于3。

3. 谷子良种种子的质量标准 对原种的要求,纯度不低于99.8%,净度不低于98%,发芽率不低于85%,水分不高于13%;对良种的要求,纯度不低于98%,其他三项指标与原种标准相同。

(二)谷子良种的引种规律及注意事项

谷子优良品种的增产作用,人所共知。因此,引用外地良种成为一项普遍的增产措施。新中国成立初期,山西省雁北地区从河北省张家口引进张纯一谷,经过示范比当地农家品种增产14.9%,很快在全地区推广开来,成为当地谷子生产的骨干品种。

通过引种可以改变病害生理小种的寄主条件,从而减轻谷子的病害,尤其是白发病减轻的比较明显。引种还能丰富本地的品种资源,为选育新品种提供更多更优异的亲本材料。例如山西省晋中地区从北京等地引进磨里谷,比当地品种增产20%,连续多年成为当地生产上的主要品种。不仅如此,科技人员从磨里谷中系选出新的品种晋谷6号,还通过对磨里谷选系的辐射处理,又选育出著名的晋谷21号优良品种。

1. 谷子良种的引种规律 谷子是短日照、喜温作物,对光照和温度的反应比较敏感,应十分注意其引种规律。①从低纬度地区向高纬度地区引种(即南种北引),由于日照延长,温度降低,一般会引起生育期延长,生长繁茂,株高穗大,千粒重和单穗粒重有所增加;相反,从高纬度向低纬度引种(即北种南移),由于日照缩短,温度增高,植株变矮,提早抽穗,生育期缩短。例如山西省长治市(约北纬36°2′)的晋谷1号,在当地从出苗到抽穗为65天,引种到全国各地种植,生长日期由北而南依次缩短,哈尔滨(接近北纬46°)91天,公主岭(约北纬43°5′)83天,锦州(北纬41°)82天,石家庄(北纬38°附近)78天,济南(约北纬36°7′)69天,郾城(约北纬33°5′)63天。②从高海拔地区向低海拔地区引种,生育期缩短,植株变矮,千粒重和单穗粒重都有所降低。从低海拔地区向高海拔地区引种,成熟期延长,植株增高,穗变长而粗,千粒重增加。③如果品种的原产地与引种地的纬度、海拔都有较大差异,则实际影响可能是部分地加强或削弱。例如将东北的品种引到黄土高原北部种植,纬度变低,应该是提早抽穗,但由于海拔增高,所以不仅没有提早抽穗,相反地还有可能延迟抽穗。

根据实践经验,东北地区可以相互引种,并且可以引进华北平原的中、早熟品种;华北平原可在本区内相互引种;内蒙古自治区的呼和浩特、山西省的雁北地区、河北省的张家口一带自然条件相似,相互引种比较有把握成功;河北省的张家口、承德,山西省的忻州、长治、太原,陕西省的延安等海拔较高的地区,可以引种纬度相近的华北平原品种;纬度和海拔相互作用,变化不大的地区可以相互引种,如辽宁省锦州可引种内蒙古自治区赤峰、河北省承德的晚熟品种,山东省昌潍可引种陕西省武功的晚熟品种,山西省晋中、长治的品种在陕西省延安、榆林地区常常表现很好。以上所讲,都是强调生态环境的重要性。然而有些品种适应性很强,纬度和海拔对其影响都不大,引种范围相当广泛。如晋谷1号是从农家品种高秆母鸡嘴里系选而成,适应性极强,在辽宁省南部或在海南省(冬播)表现都不错。

2. 谷子良种引种应注意的事项 谷子引种必须从本地实际出发,针对需要和生产中存在问题,明确引种目标和具体要求。例如有的需要耐肥水、秆壮不倒伏、抗病性强的高产品种,在无霜期短或复播地区,则要求生育期短、抗病、稳产的品种等等。对引进品种要进行试验,与当地骨干品种对比,确认是优良品种并且适应本地种植时,才能大量引进推广。

(三)谷子的异地换种

谷子的异地换种不属于引种范畴,因为它不是从外地引进新的品种,而是从附近调换一下同一品种的种子,换回来直接用于生产,不需要进行品种比较试验。这是山区或沿山地带农民的一项传统经验。古代农谚就有"杏儿塞了鼻孔(杏树结果不久),骑上毛驴换种"之说。某个品种在当地种植3~5年之后,没有进行穗选复壮,就会出现退化迹象。因此,不再用自己的谷子留种,而是从外地调换同一品种的种子种植。据科技人员试验研究,异地换种确实能减轻病害、减少秕谷率,有明显增产作用。异地换种时,要从自然条件相似的地区换种。丘陵山区气候复杂,换种距离应小些,一般在10~20公里之内,最远不超过50公里。通常是川地换用山区的种子,较热的地方换用较冷凉地区的种子。

五、谷子的优良品种

谷子(粟)的优良品种较多,本书着重介绍27个品种。其中(一)至(九)为优质小米谷子品种;(十)至(二十三)为丰产稳产谷子品种;(二十四)至(二十七)为特殊性状谷子品种。

(一)晋谷21号

品种来源 山西省农业科学院经济作物研究所1972年用^{60}钴(^{60}Co)-γ射线处理晋汾52(自育品种,从磨里谷中系选而成),选出一批优良品系,1975年在品系鉴定圃中选出75-2γ-1,品质极优,暂定名晋汾7号,但由于感染白发病严重而放弃。1986年有了防治白发病的新农药瑞毒霉,重新对晋汾7号进行选育。1991年3月经山西省农作物品种审定委员会审定,命名为晋谷21号。

特征特性 幼苗绿色。单秆,主茎高146~157厘米,主茎节数23个。单穗重23~24.5克,穗粒重16.7~22.7克,千粒重3克。穗棍棒形,小穗密度适中。出谷率70%~80%,出米率70%~80%。中熟,生育期125天左右。较抗倒伏,轻感白发病和谷瘟病。晋谷21号是一个优质品种,其小米称为汾州香,销遍大江南北。小米含蛋白质15.12%,脂肪5.76%,淀粉73.84%,赖氨酸0.28%。经河北省农业科学院谷子研究所分析,支链淀粉含量14%,胶稠度150毫米,碱硝指数级别2.1,均达到优质米标准,其营养成分与适口性都可与历史名米沁州黄媲美。经山西大学分析,晋谷21号加工而成的汾州香小米含钙1.54克/千克,铁0.53克/千克,锌0.309克/千克,硒9.2毫克/千克,尤其是含硒量高,具有特殊的保健功能。

产量表现 1988~1990年参加山西省谷子中熟区区试,3年每667平方米平均产量为302.8千克,比对照晋谷10号增产3.3%。1989年和1990年在山西省生产试验中平均单产为317.7千克,比对照品种增产19%。1989年和1990年参加陕西省春谷区区试,平均单产为377.6千克,比对照品种增产17.27%。

栽培要点 ①播前需用瑞毒霉拌种,预防白发病。②在山西省东西两山旱地适宜播期为4月底至5月初,平川旱地为5月20日左右,油菜茬、麦茬复播在6月25日以前。③留苗密度为每667平方米2.5万株。④追肥不当会造成高秆小穗,因此应施足基肥。

适应地区 适宜在山西省中部平川地、丘陵地及陕西省北部旱地春播,也可在山西省的晋中油菜茬及山西省的晋南、陕西省的渭南地区麦茬复播。

联系单位 邮编:032200,山西省汾阳市小南关门外,山西省农业科学院经济作物研究所。

(二)沁州黄

品种来源 原名爬山糙。山西省沁县地方品种。种植历史悠久,因米质特佳,清代作为贡米每年向宫廷上送。康熙年间,保和殿大学士关珙将此米改名为沁州黄。1987 年 5 月经山西省农作物品种审定委员会认定,可以推广种植。

特征特性 幼苗浅绿色,叶片较小,一般不分蘖。茎秆扁圆、白绿色,株高 120 厘米左右。穗呈纺锤形,穗长 20～32 厘米,穗码排列紧密,刺毛中等长、绿色。单穗粒重 7.5～12.4 克,出米率 80%。谷粒近白色,千粒重 3.4 克。米金黄色、粳性,玻璃质透明。小米含蛋白质 10.97%,脂肪 3.76%,支链淀粉 16.14%,胶稠度 127 毫米,碱硝指数级别 2.1。生育期 115～128 天,耐旱,抗风、抗病,不易倒伏,不耐肥,不抗涝。

产量表现 一般每 667 平方米产量为 100～150 千克,最高 200 千克。

栽培要点 每 667 平方米留苗 3.5 万～4 万株。底肥宜多施羊粪,少施或不施化肥。

适应地区 适应范围不广,主产地在山西省沁县次村乡檀山一带及周边地区。

联系单位 邮编:046400,山西省沁县良种场。

(三)晋谷 27 号

品种来源 山西省农业科学院谷子研究所以长农 10 号为母本、张农 15 号和沁州黄等为父本,以其混合花粉授粉杂交,连续 6 代定向选育而成。1997 年 4 月通过山西省农作物品种审定委员会审定,1998 年通过国家农作物品种审定委员会审定。

特征特性 幼苗叶鞘浅紫色,叶片绿色,成株叶相略显披散。株高 140 厘米左右,茎秆粗壮,抗倒伏。穗圆筒形,长 19 厘米,穗码较大,排列较松,刺毛短、绿色,单穗重 16 克,出谷率 79.4%,千粒重 3.3 克。白谷、黄米,出米率 83%。小米蛋白质含量11.95%,脂肪 3.62%,赖氨酸 0.24%。1994 年参加全国小米品质测试鉴评会,被评为一级小米。晋谷27号属粮、草兼用型品种。抗旱性强,中抗谷瘟病。生育期128天,属晚熟品种。花期短,灌浆速度快,不早衰。

产量表现 1993~1995年参加山西省谷子晚熟区品种试验,每667平方米平均产量为248.3千克,比对照晋谷16号增产12%。1995年和1996年参加山西省生产试验,平均单产为282.1千克,比对照品种增产11.4%。多年在各地生产中表现很好,增产潜力大,稳产性强。

栽培要点 ①基肥深施,每667平方米施优质农家肥3000千克,硝酸磷肥30千克,生育期间一般不追肥。②因其晚熟,所以应适时早播,山西省长治地区以5月10日前后为宜。③合理密植,每667平方米播种量1千克,留苗2.5万~3万株。④生育期间中耕3次,在谷子钻心虫为害严重地区,谷苗3叶1心期喷药2次。

适应地区 适宜在山西省中南部、辽宁省、北京市等无霜期150天以上的平川和丘陵旱地种植。

联系单位 邮编:046000,山西省长治市,山西省农业科学院谷子研究所。

(四)晋谷35号

品种来源 原名长谷-γ_8。山西省农业科学院谷子研究所1994年配制杂交组合。其母本为晋谷14号,丰产稳产,营养品质较差;父本为晋谷21号,适应性广,营养品质较优。对杂交一代(F_1)用^{60}钴-γ射线处理,连续多代定向选择,1998年获得性状基本稳定的株系,2002年4月通过山西省农作物品种审定委员会审定并命名。是一个粮草兼丰、高产优质的新品种。

特征特性 幼苗叶鞘浅紫色,叶片绿色。株高153厘米左右。穗圆筒形,穗码中紧,刺毛短,穗长18厘米。单穗重23.2克,单穗粒重18.8克,千粒重3克。白谷、黄米,谷壳较薄,出米率67.2%,

商品性好。据农业部谷物品质监督检验测试中心测定,小米含蛋白质 12.82%,脂肪 4.24%,支链淀粉 16.94%,胶稠度 155 毫米,碱硝指数级别 3.3。2001 年 4 月在全国第四次小米品质测试鉴评会上被评为一级优质小米。山西省有关部门鉴评,该小米适口性明显优于历史名米沁州黄。生育期 126 天左右。丰产性、稳产性好,抗逆性强,对红叶病、谷瘟病等抗性较强。成熟时绿叶保持率较高。

产量表现 在 2000 年和 2001 年山西省谷子中晚熟组区试中,晋谷 35 号每 667 平方米平均产量为 306.45 千克,比对照品种增产 11.3%。2001 年在山西省生产试验中,平均单产为 300 千克,比对照晋谷 29 号增产 18.8%。

栽培要点 ①基肥施用优质农家肥,每 667 平方米加施碳酸氢铵 40 千克及过磷酸钙 27 千克。②作为中晚熟品种栽培,5 月中下旬播种,如果用于夏播,播期以 6 月上旬为宜。③留苗密度为每 667 平方米 2.5 万～3 万株,行距 30 厘米,株距 6.7～8.5 厘米。④搞好田间管理,幼苗 3～4 叶时,于晴天午后镇压 1 次,间苗后及时中耕培土,注意防治钻心虫和白发病。

适应地区 适宜在山西省长治、晋城、晋中、忻州等地中晚熟区种植。

联系单位 同晋谷 27 号。

(五)豫谷 9 号

品种来源 河南省安阳市农业科学研究所以豫谷 1 号为材料经辐射诱变产生变异株,通过历年系统选育而成的夏谷新品种。1995 年和 1996 年参加河南省区域试验,1998 年和 1999 年参加华北夏谷新品种区域试验,2000 年 9 月通过河南省农作物品种审定委员会审定并命名。

特征特性 在河南省夏播,生育期 87 天左右,属中熟品种。

株高110厘米左右。幼苗绿色,鞘浅紫色,分蘖力弱,生长势强。株型直立,中上部叶片上举。成穗率高,穗长16～18厘米,单株穗重12～13克,穗粒重8.7～8.9克。穗纺锤形,穗码排列适中,刺毛短、绿色,花药黄色。千粒重2.99克,出谷率86%,出米率80%。黄谷、黄米,光泽度好,米色一致。经农业部谷物品质监督检验测试中心分析,小米支链淀粉含量18.83%,蛋白质含量11.22%,脂肪含量5.28%,赖氨酸0.18%,胶稠度98.8毫米,综合指标达到国家优质米标准。2001年3月在全国小米品质测试鉴评会上被评为一级优质米。蒸煮米饭色泽鲜亮,食味粘香绵软。经接种鉴定,豫谷9号中抗谷锈病和纹枯病,并具有一级抗倒伏性,综合农艺性状优良。

产量表现 1998年和1999年参加华北地区夏谷新品种区域试验,2年11个点(次)每667平方米平均产量为359.3千克,较对照豫谷1号增产1.3%,居参试品种第一位。1999年参加河南省生产示范试验,全省6个点(次)平均单产为305.6千克,较对照豫谷2号增产13.3%,居参试品种第一位。1998年大面积示范,平均单产350.5千克,最高达496千克。历年表现高产、稳产。

栽培要点 在河南省安阳地区夏播,于6月20前抢时播种,早播更能发挥增产潜力。施足底肥。根据播种技术和肥水条件、留苗密度确定播种量,一般每667平方米播种量0.45～0.75千克。谷子生长到4～6片叶时定苗,以单株留苗增产效果好。苗期注意中耕除草,孕穗期遇旱及时灌水并追施孕穗肥,生育期间防治病虫害。

适应地区 适宜在河南、河北、山东等省夏谷产区及同类生态区种植。

联系单位 邮编:455000,河南省安阳市农业科学研究所。

(六)陇谷6号

品种来源 甘肃省农业科学院粮食作物研究所育成的优质米品种。以74H 33-9-1为母本、地方品种等身齐为父本杂交培育而成。1994年经甘肃省农作物品种审定委员会审定并命名。

特征特性 在甘肃省种植,生育期131天左右,为晚熟种。平均株高100厘米左右。茎粗秆壮。幼苗浅紫红色,成株叶鞘浅紫色,叶片宽厚、深绿色。无分蘖。穗大呈长方棒形,穗长26.9厘米,穗重18.2克,穗粒重14.9克。黄谷、黄米,米质粳性。千粒重3.5克,出米率为81.9%。其小米易糊化,碱硝指数级别3.3。支链淀粉含量17.3%,籽粒蛋白质含量14.56%,脂肪含量4.97%,胶稠度152毫米。小米粥香味浓郁。1994年在全国第三次小米品质测试鉴评会上被评为国家一级优质米。营养品质优良。本品种抗旱性突出,适应性广,感染黑穗病,对光、温反应敏感。

产量表现 该品种穗大粒多,可以粮、草兼用。水地每667平方米产量为250~400千克,旱地产量为175~300千克,地膜覆盖栽培最高产量达280~450千克,可增产30%~60%。

栽培要点 ①在甘肃省春播,谷雨前后下种比较适宜。夏播在7月5日以前播种。选水肥条件好的地块,若土壤含水量大于或等于15%时,可进行覆膜穴播;若水分不足,可采用膜侧种植,机播或人工播种后都要镇压保墒。②播前用种子量0.2%的速保利拌种,以预防黑穗病。③播种不宜过密,旱山地以每667平方米1.2万~1.5万株,旱川地1.5万~2万株,水地3万~4万株为宜,复播可加大密度。④田间管理上要及时锄草,有条件的地方可追施氮磷钾复合肥料,注意病虫害的防治。

适应地区 该品种为甘肃省的主要栽培品种之一,适宜在甘肃省的河西走廊、中部海拔1 700~1 900米的山川种植,在陇东海拔1 200~1 400米的地区可进行夏播。在海拔1 800~2 100米的梯田可采用地膜覆盖栽培。在宁夏回族自治区及陕西省北部生态环境类似地区也可种植。

联系单位 邮编:730070,甘肃省兰州市,甘肃省农业科学院粮食作物研究所。

(七)铁谷7号

品种来源 辽宁省铁岭市农业科学研究所于1980年以铁谷4号为母本、宣农7号为父本进行杂交,经7个世代优良单株选育而成。1993年通过辽宁省农作物品种审定委员会审定推广。

特征特性 铁谷7号幼苗为黄绿色,苗势强。叶片较宽,刺毛短、绿色。主茎高160~180厘米。穗为纺锤形,穗长20~25厘米,株穗重16.7克,株粒重12克,株草重18克,千粒重3.2~3.5克。黄谷、黄米,粳性,出谷率80%以上。籽粒蛋白质含量11.4%,脂肪含量3.66%,支链淀粉含量18.3%,胶稠度192毫米,碱硝指数级别2.4。米的品质好。1994年在全国第三次小米品质测试鉴评会上被评为优质小米。

该品种在辽宁省铁岭地区生育期为115~122天,属中熟品种。在辽宁省区试、生产试验中均表现抗谷子白发病、黑穗病、锈病、红叶病。抗倒伏能力强,抗旱性能好。1991年和1992年辽宁省大部分地区秋季比较干旱,但铁谷7号成熟时仍有6~7片绿叶,而且草质也好。

产量表现 1988年和1989年在品比试验中,2年每667平方米平均产量为348.2千克,比对照铁谷1号增产15.3%;谷草平均单产为604.5千克,比对照品种增产12.1%。1990年和1991年在辽宁省区域试验18个点(次)中,2年平均单产为287.5千克,比对照铁谷1号增产15.6%,居参试品种第一位;平均谷草单产为478.4千克,比对照品种增产14%。

栽培要点 铁谷7号适于在中等以上肥力的平地或岗坡地种

植。一般播种期为4月至5月上旬,每667平方米播种量0.6~0.8千克,留苗3.5万~4万株为宜。施农家肥3000~4000千克,磷肥30~40千克或磷酸二铵15~20千克,合理施用氮肥。早期定苗,三铲三耥。及时防治病虫害,以保证获得高产稳产。

适应地区 适宜在辽宁省的朝阳、锦州、阜新、辽阳、营口、沈阳、铁岭等地区种植。

供种单位 邮编:112000,辽宁省铁岭市农业科学研究所。

(八)冀张谷5号

品种来源 河北省张家口市坝下农业科学研究所在田间从引进农家品种沁州黄中发现一株紫叶突变株,经连年单株选择,1985年在南宁冬播,然后在石家庄夏播加代,并鉴定其适应性。1987~1989年经产量比较试验,适口性鉴定,选育出优质高产新品系8311-14。1992年通过审定,1995年通过省级评审,并定名为冀张谷5号。

特征特性 该品种生育期120天左右,属中熟种。单秆不分蘖,株高160厘米左右,绿叶,紫叶鞘。穗纺锤形,穗码排列松紧适中,码多穗大,穗长30厘米左右,千粒重3.5克。耐旱、耐瘠薄,灌浆速度快,适应性广,稳产性好,是粮、草兼用品种。

冀张谷5号的特点是米质优良,米色深黄、鲜艳,质地晶亮,垩质米率仅4.5%,糙米率78.5%,且米粒大小均匀,整米率较高。支链淀粉含量14.7%,胶稠度120毫米,碱硝指数等级3.2,各项指标均达到一级优质米标准。做成米饭金黄有光泽、柔软、粘甜可口。1994年在全国第三次小米品质测试鉴评会上被评为一级优质米。

产量表现 1990年和1991年参加河北省张家口地区谷子区域适应性联合试验,较对照品种跃进4号增产14.9%。1989~1991年在河北省北部示范面积达334公顷以上,较当地推广品种增产10%~15%,最高产量为每667平方米526.5千克,比当地优质名米桃花米增产20%以上,到1992年推广面积达1 800公顷。

栽培要点 该品种属春谷,生育期120天左右,以5月上中旬播种为宜,每667平方米播种量为0.75千克,留苗2.5万~3万株。每667平方米施农家肥3 000千克,磷肥30千克做底肥,或施15千克磷酸二铵做种肥。拔节期追施尿素10~15千克。苗期注意防治地下害虫,生育中后期防治钻心虫。早间苗、早定苗,及时中耕除草。

适应地区 适宜在河北北部暖区和较暖区大于或等于10℃积温2 500℃~3 000℃的水浇地和丘陵山区旱地种植。在内蒙古自治区和山西省生态条件相似地区都可种植。

联系单位 邮编:075100,河北省宣化市,河北省张家口市坝下农业科学研究所。

(九)赤谷6号

品种来源 内蒙古自治区赤峰市农业科学研究所于1979年以M 76208为母本、昭谷1号为父本,经过人工单花去雄进行杂交,南繁北育共经历7个世代,用系谱法选育而成。1991年经内蒙古自治区农作物品种审定委员会审定,命名为赤谷6号。到1997年已在内蒙古自治区的赤峰市、哲里木盟(现通辽市)、兴安盟,河北省的承德、围场,吉林省等地区累计推广面积达6.7万公顷以上。

特征特性 赤谷6号为早熟品种,春播生育期115天,夏播90天左右。株高150厘米,穗长18.8~22厘米。幼苗绿色,绿秆,不分蘖,叶狭短,前期株型紧凑、健壮。穗短纺锤形,穗码松紧适中,短刺毛,单穗粒重12~50克,千粒重3克,出谷率为85%~90%,出米率85%,黄谷、黄米。1995年在第二届赛米会上被评为优质米。

该品种不早衰，抽穗以后灌浆快。由于具有早种不早熟，晚种不晚熟的特性，可适当调节播种期，使谷子需水高峰与当地降水规律相适应，躲避旱灾和钻心虫的为害，降低生产成本，达到高产、高效、低耗的目的。赤谷6号还具有以下其他特性：①熟期早。在赤峰地区种植，5月下旬至6月上旬播种，9月下旬成熟，生育日数90～115天，比赤谷7号、赤谷8号、赤谷9号均早熟。②抗病性强。经接种试验及田间调查，抗谷子白发病（从推广到现在一直未发现该病病株），也未发现紫花穗、粟瘟病、锈病等，抗锈病达一级以上。③抗旱和抗倒伏。经河北省石家庄市谷子研究中心鉴定，具有二级抗旱性，并具有一级抗倒伏性能，长年种植不倒伏，谷草产量也高。

产量表现 在旱地品种产量品比试验中，每667平方米平均产量为163千克，比对照昭谷1号增产21.19%。1985年在赤峰市农业科学研究所旱地谷子早熟组试验中，平均单产251.3千克，比对照赤谷3号增产2.5%。在喀喇沁旗驼店良种场试验，平均单产为354.2千克。1986～1988年参加赤峰市3年旱地早熟组区域试验，10个点（次）平均单产为245.7千克，比对照赤谷3号增产13.36%，在6个参试品种中产量居首位。1995年赤峰地区发生严重春旱、早霜，大部分农作物其中包括谷子均受霜冻灾害而致死，惟赤谷6号在霜前全部成熟，每667平方米平均产量为263.3千克，较对照品种增产38.9%。当年获赤峰市科委科技进步一等奖。

栽培要点 在内蒙古自治区赤峰地区种植，5月下旬至6月上旬播种。在旱地、水地、平川、坡地均能种植。对土壤条件要求不严。每667平方米施农家肥3 000千克左右，有条件的地方可追施氮磷钾复合肥料。苗期注意防治地下害虫，生育中后期防治谷子钻心虫。早间苗、早定苗，及时中耕除草。

适应地区 在我国北方大于或等于10℃积温2 000℃以上的

地区均可种植,也可在生育期长的地区作为备荒品种。特别适合在内蒙古自治区的赤峰市、通辽市、兴安盟,河北省的承德、围场以及吉林省等地种植。

联系单位 邮编:024031,内蒙古自治区赤峰市农业科学研究所。

(十)龙杂谷1号

品种来源 黑龙江省农业科学院作物育种研究所于1988年以丹1不育系为母本、南繁1为父本,经测配育成两系杂交种,原组合号为龙杂101。1993年和1994年参加区域试验,1994年和1995年参加生产试验,1996年1月经黑龙江省农作物品种审定委员会审定推广,并命名为龙杂谷1号。

特征特性 在哈尔滨地区种植,生育期128天左右,属中晚熟品种。株高175~185厘米。穗长25~28厘米,穗为长棍棒形,籽粒黄色、粳性。千粒重3.1克,出米率80%左右。籽粒含蛋白质13.63%,脂肪5.08%,属高蛋白质、高脂肪类型。该品种抗旱、抗倒伏、抗谷子白发病和黑穗病,无叶部病害。活秆成熟,增产潜力大。

产量表现 1993年和1994年参加9个点(次)的区域试验,每667平方米平均产量为371.7千克,比对照龙谷28增产24%;谷草平均单产为540.4千克,比对照增产11.7%。1994年和1995年在6个点(次)的生产试验中,平均单产357.3千克,比对照龙谷28增产25.9%;谷草单产为535.2千克,比对照品种增产12.8%。

栽培要点 ①调节两系开花期,先播南繁1,过7~9天再播丹1。②父母本种植比例为1:2。为了增大父本的花粉量,对父本苗期适当追肥。③父本种植密度每667平方米5万株,母本为6万株。④在谷子盛花期,每天早晨5~6时,进行2~3次人工授粉,持续7~10天。认真做好这4项制种技术,可使制种产量提高

一倍。

适应地区 适宜在黑龙江省哈尔滨地区种植。

联系单位 邮编:150086,黑龙江省哈尔滨市,黑龙江省农业科学院作物育种研究所。

(十一)龙谷30号

品种来源 黑龙江省农业科学院农作物育种研究所1988年以晚熟品种8064为材料,用^{60}钴-γ射线9.03万库(仑)千克(3.5万伦琴)辐射干种子,在M_3决选出优良突变系,原品系号为龙辐93199。1995年和1996年参加省级品种区域试验,1997年进行省级品种生产示范试验,表现抗逆性和丰产性较好。1999年2月经黑龙江省农作物品种审定委员会审定推广,并命名为龙谷30号。

特征特性 在黑龙江省哈尔滨地区生育期125天左右,为中熟品种。幼苗叶片和叶鞘均为绿色。株高175~185厘米。穗长25~29厘米,穗为长圆锥形,穗码排列整齐,松紧度适中,刺毛绿色,中等长度。籽粒圆形,黄米、粳性。千粒重2.8克,出米率75%,籽粒蛋白质含量10.4%,脂肪含量5.03%,淀粉含量74.86%,米质好,适口性强。该品种苗期生长势强,根系发达,喜肥水。抗倒伏,抗风不落粒,高抗谷子白发病,无黑穗病和叶斑病。活秆成熟,绿叶黄谷穗。对光反应迟钝,适应性强。

产量表现 1995年和1996年参加黑龙江省连续2年11个点(次)的区域试验,每667平方米平均产量为302千克,比对照品种龙谷29号平均增产10.3%;谷草平均单产为458.7千克,比对照品种增产3.9%。在黑龙江省呼兰县种植301.34公顷,每667平方米平均产量478.1千克。1997年参加5个点的生产试验,平均单产149.8千克,比对照龙谷29号增产12.4%;谷草平均单产为406.8千克,比对照品种增产9.1%。

栽培要点 ①实行秋整地、秋施肥、秋起垄。机械簇播,行距

70厘米,簇距9~10厘米。双条播,播深3~4厘米。②增施底肥,每667平方米施农家肥2500千克,播种时以磷酸二铵做种肥。孕穗期结合耥二遍地,追施尿素15~20千克。③适时早播,早定苗。哈尔滨地区4月15~20日播种为宜。每667平方米播种量0.6千克,留苗4万株左右。④及时铲、耥和锄草。如发现跳虾(地蹦子)为害,每667平方米撒施2.5%敌百虫粉剂1.5~2千克。

适应地区 适宜在黑龙江省哈尔滨、绥化、大庆和牡丹江地区的第一、第二积温带上限种植。

联系单位 同龙杂谷1号。

(十二)龙丰谷

品种来源 辽宁省朝阳市龙城区农业技术推广中心科技人员从日本神奇谷变异中系统选育而成。从1997年开始,经过5年的选育与推广,已成为辽西地区主栽品种之一。

特征特性 根系发达,分蘖力强,茎秆健壮,叶片宽大,成熟时绿叶比例大,活秆成熟。生育期100~110天,属中熟品种。株高100~110厘米。穗纺锤形,长18~25厘米。单穗粒重14~18克,千粒重2.9~3.1克。穗码特紧。抗白发病、黑穗病、谷瘟病。适于密植。抗旱、抗倒伏。出米率83%~85%,米色金黄、粳性,米质优良,味香,适口性好。经农业部谷物品质监督检验测试中心测定,其米含蛋白质12.28%,脂肪3.18%,支链淀粉14.12%,维生素B_1 6.09毫克/千克。

产量表现 1998~2000年参加区域试验和生产示范,在23个点(次)中龙丰谷每667平方米平均产量为524.8千克,比对照朝谷8号增产33.1%。1999~2001年连续3年干旱,平均单产为533.7千克,比对照品种增产35.7%。表现出显著的丰产性和稳产性。

栽培要点 ①在辽宁省朝阳地区适宜播种期为5月25~30

日,如墒情不好,6 月上旬播种也能成熟。②精量播种,每 667 平方米播种量 0.3~0.5 千克,可减少间苗用工。③底肥施优质农家肥 3000 千克。种肥施磷酸二铵 5~7.5 千克,钾肥 5 千克。苗高 35~45 厘米时,追尿素 5~10 千克。④种植密度每 667 平方米留苗 5 万~6 万株。⑤苗高 10~15 厘米时 1 次定苗。生育期间及时锄草,及时防治病虫害。

适应地区 龙丰谷适应性强,适宜在辽宁省、内蒙古自治区南部、河北省承德地区种植。

联系单位 邮编:122000,辽宁省朝阳市龙城区农业技术推广中心。

(十三)赤谷 8 号

品种来源 内蒙古自治区赤峰市农业科学研究所于 1981 年以 80-562(赤谷 5 号)为母本、80-943 为父本进行有性杂交,经系统选育而成。1989~1991 年进行区域试验,1991 年和 1992 年进行生产示范试验。1993 年 12 月通过内蒙古自治区农作物品种审定委员会审定,并命名推广。

特征特性 在内蒙古自治区赤峰地区生育期 119 天左右,属中熟品种。幼苗绿色,刺毛中长、为绿色,颖绿色,幼苗茎叶繁茂。在中上等肥力条件下株高为 160 厘米左右。穗长 26.4 厘米,穗圆锥形,松紧适中,平均穗粒重 22.3 克,千粒重 3.2 克,白谷、黄米。籽粒饱满,出米率 85%以上。米质佳,适口性好,米色新鲜透明。赤谷 8 号抗逆性强,抗黑穗病、粟瘟病,抗倒伏性强,籽粒饱满。

产量表现 1989~1991 年参加赤峰市中晚熟组谷子区域试验,3 年共 16 个试验点,每 667 平方米平均产量为 319.6 千克,比对照昭谷 1 号增产 10%;谷草平均单产为 408 千克,比对照增产 16%。1992 年参加了 6 个点生产示范,平均单产 324.7 千克,比对照品种增产8.2%。

栽培要点 精细整地,施足基肥。精细选种并进行种子消毒,即先用盐水精选,然后用瑞毒霉拌种或用种子包衣。早间苗、早中耕。水肥条件好的地块每667平方米留苗2.5万~3万株。及时防治病虫害,适时收获,以防落粒。

适应地区 该品种生育期所需大于或等于10℃积温为2482.2℃。在赤峰地区的旱平地、坡地和水浇地均能种植。

联系单位 邮编:024031,内蒙古自治区赤峰市农业科学研究所。

(十四)高39

品种来源 河北省农业科学院谷子研究所以小黄谷为母本、日本60天为父本经杂交选育而成。1994年通过河北省农作物品种审定委员会审定。

特征特性 在河北省夏播生育期87天左右。株高100厘米左右。穗长23~30厘米,大穗34厘米。穗呈长纺锤形,穗紧实,穗码紧。刺毛短,达到出口谷穗标准。平均穗重16克,穗粒重12.5克,千粒重2.8克,出米率80%。经河北省种子品质测定中心化验,籽粒含蛋白质14%,脂肪5%,赖氨酸0.22%。黄谷、黄米,适口性好。该品种抗谷锈病、谷瘟病、线虫病、病毒病,抗倒伏性及结实率均优于豫谷和冀谷系列品种。活秆成熟,青枝绿叶,落黄好,叶片无病斑。

产量表现 一般春播每667平方米产量高达650千克,经3年示范种植,均创高产纪录。夏播平均单产为500~550千克。抗逆性强,无论在水肥地、旱薄地、丘陵旱地普遍表现增产。1996年在河北省南皮县潞灌乡种植,遇到涝灾,单产仍有450~500千克的好收成。

栽培要点 播前要漂秕,并用绿风95和甲拌磷拌种。施足底肥,及时早播,植株长到10厘米左右定苗,每667平方米留苗5万株左右,行距40厘米,株距3.3厘米。苗期蹲苗,浅锄不浇水。孕穗期追肥、浇水和中耕培土,底肥不足时可在拔节期追施尿素6千克,并喷特高硼250克。

适应地区 适宜在河北和河南省的水肥地、旱薄地以及丘陵地种植,适应性强。

联系单位 邮编:050000,河北省农业科学院谷子研究所;邮编:473300,河南省社旗县科学种植养殖研究会。

(十五)豫谷8号

品种来源 河南省农业科学院粮食作物研究所培育的矮秆竖叶型新品种。1997年通过河南省农作物品种审定委员会审定,并命名为豫谷8号。

特征特性 在河南省夏播生育期为85~89天,属中熟品种。植株高度为85厘米左右。幼苗绿色,叶片上冲,株型呈塔形,适宜密植。穗短纺锤形,穗长12~15厘米,直立不弯曲,穗粒重7~8克,千粒重2.8克,红壳、黄米。对光反应不敏感,适应性强,高抗谷子白发病、谷锈病、谷瘟病,高抗倒伏。籽粒含蛋白质15.36%,含脂肪2.4%,每100克含维生素E 3.21毫克。小米营养价值高,适口性好,为营养优质米。

栽培要点 与一般谷子栽培技术大同小异。

适应地区 适宜在华北夏谷区推广种植,也可在南方旱作区及部分春谷区种植。

联系单位 邮编:450002,河南省郑州市农业路1号,河南省农业科学院粮食作物研究所。

(十六)陇谷7号

品种来源 甘肃省农业科学院粮食作物研究所以龙谷26为母本、陇谷3号为父本杂交选育而成。具有早熟、高产、优质、抗逆性强等特点。1999 年经甘肃省农作物品种审定委员会审定并命名。

特征特性 在甘肃省春播生育期为 90～100 天,属早熟种。从出苗至成熟需要大于或等于 10℃积温 1 850℃。夏播生育期为 83～93 天,需大于或等于 10℃积温 1 760℃。植株较矮,平均株高约 91 厘米。幼苗浅紫色,成株绿色,主茎节 8.8～10.5 个。茎秆较细,叶片短小、上举,分蘖少。株型紧凑。穗码排列紧密,穗呈棒形,穗长约 16 厘米。刚毛短,棕色。平均单株穗重 8 克左右,穗粒重 6.5 克,秕谷少。谷壳深黄色、粳性,千粒重约 6.5 克,出谷率为 85%。小米乳白色,无垩质和黑米,食味香软,营养品质优良。小米含蛋白质 15.63%,脂肪 5.53%,淀粉 74.84%,赖氨酸 0.72%。该品种抗倒伏,抗谷子黑穗病。叶片清秀,未见胡麻斑、谷瘟等叶部病害。

产量表现 在甘肃省经过 3 年 11 个点(次)的试验,每 667 平方米平均产量为 158.3 千克。1996～1998 年在旱地进行生产示范,平均单产为 150 千克,比当地小黑谷增产 30%。夏播平均单产为 110～150 千克,最高单产 200 千克。

栽培要点 施足底肥,培育壮苗。适时播种,及时进行田间管理,适量增加密度,以发挥群体增产性能。在水浇地复播,每 667 平方米留苗 5 万～7 万株;旱地留苗 3.5 万～4 万株。

适应地区 适宜在甘肃省海拔 2 000～2 200 米地区春播。在海拔 2 000 米以下地区,可用于抗旱救灾播种。在海拔 1 400～1 500 米地区,可进行复播套种。

联系单位 邮编:730070,甘肃省兰州市,甘肃省农业科学院粮食作物研究所。

(十七)陇谷 8 号

品种来源 甘肃省农业科学院粮食作物研究所从陇谷 5 号的

变异株系中系统选育而成。1999年经甘肃省农作物品种审定委员会审定并命名为陇谷8号。

特征特性 陇谷8号属早熟品种，春播生育期122～136天，夏播79～101天，3年15个点(次)试验，平均110.6天。幼苗浅紫色。平均株高114厘米，叶片上举，株型紧凑，穗层整齐。穗呈纺锤形，刚毛短。成熟时绿叶仍占较大比例，没有早衰现象。1992～1994年全省多点试验，穗长18.4厘米，穗重14.4克，穗粒重10.3克，千粒重3.3克。籽粒皮薄，出米率高。其小米为黄色、粳性，含蛋白质13.99%，赖氨酸0.32%，脂肪4.86%，淀粉77.17%，灰分1.45%，适口性较好。因为生长健壮，根系发达，茎秆坚韧，叶片上举，所以抗倒伏性较强，抗病、抗旱性强，属二级抗旱品种。

产量表现 1992～1994年在甘肃省多点试验，每667平方米平均产量为238千克，比对照陇谷5号增产17.32%。1995年和1996年在甘肃省海拔1 800～2 100米地区示范，平均单产为233.3～265千克。在平川地区春播或复播，都有明显的增产效果。

栽培要点 ①适宜播期较长。在甘肃省中部旱区春播，适宜播种期为4月20日至5月25日。在陇东夏播复种，应抢时早播，最迟不能晚于7月上旬。②留苗密度。春播每667平方米留苗2.5万～3万株，复播留苗3.5万～4.5万株。

适应地区 适宜在甘肃省的中东部高海拔地区春播，在低海拔地区和1年两季作地区复播。同时可作为抗灾减灾作物，在特殊情况下用它进行抢种、改种和补种。

联系单位 同陇谷7号。

(十八)晋谷31号

品种来源 山西省农业科学院高寒区作物研究所于1982年以晋谷9号和71-221杂交的F_2为母本、张纯一和张农8号杂交的F_2为父本，经混合集团选择选育而成。2000年3月经山西省农作物品种审定委员会审定,并命名为晋谷31号。

特征特性 在山西省大同地区春播生育期为126天左右,属晚熟品种。株高135厘米左右。幼苗叶片、叶鞘均呈绿色,不分蘖。穗长24~30厘米,穗松紧度中等,呈长纺锤形。刺毛绿色,长度中等。谷壳黄色,米黄色、粳性。千粒重3.8克,出米率80%左右。据农业部谷物品质监督检验测试中心分析,晋谷31号籽粒含蛋白质10.64%,脂肪4.63%,赖氨酸0.24%。1992~1994年经田间调查,谷子白发病发病率为0.25%~0.8%。在这3年中均未查到红叶病和黑穗病发病株,说明抗病性较强。较抗倒伏。

产量表现 1997年和1998年参加山西省春播早熟区生产试验,2年17个点(次)每667平方米平均产量为316.8千克,比对照品种晋谷23增产12.8%,最高产量达426千克。1998~2000年参加全国春播早熟区谷子新品种联合试验,3年18个点(次)平均单产291.6千克,比对照品种大同14增产0.66%。在河北省承德农业科学研究所试验,平均单产为380.9千克,较对照品种大同14增产0.3%。

栽培要点 在山西省大同地区适宜播期在立夏前后。播前精细整地以利于保墒,有条件的地方需施农家肥,一般每667平方米施用牛粪、土杂粪3000千克左右为宜。早间苗,水浇地每667平方米留苗2.5万株,旱地留苗2万株左右。

适应地区 适宜在山西省春播早熟区及河北、内蒙古、宁夏等省、自治区部分地区种植。

联系单位 邮编:037004,山西省大同市,山西省农业科学院高寒区作物研究所。

(十九)晋谷32号

品种来源 原名长治204。山西省农业科学院谷子研究所利用谷子雄性不育材料与多个品种测交,1988年从其后代中选择优良可育单株,连续多代定向选育而成。2002年4月经山西省农作物品种审定委员会审定并命名。

特征特性 幼苗期叶片、叶鞘均为绿色。主茎高125厘米左右。穗呈圆筒形,长18~21厘米,刺毛短。花期集中,灌浆速度快。单穗重21克,单穗粒重16.8克,出谷率80%,籽粒千粒重3克。生育期120天左右,属中晚熟品种。茎秆粗壮,抗倒伏力强。对谷瘟病、黑穗病、白发病、红叶病具有较强的抗性。成熟时绿叶黄谷穗。经农业部谷物品质监督检验测试中心测定,晋谷32号小米含蛋白质10.34%,脂肪4.14%,赖氨酸0.3%,硒166.6微克/千克,铁25.42毫克/千克,钙169.2毫克/千克,磷2 471毫克/千克,锌21.28毫克/千克,维生素B_1 6.06毫克/千克,维生素E 27.49毫克/千克。

产量表现 1998~2000年参加山西省谷子中晚熟组区试,3年每667平方米平均产量为299.5千克,比对照晋谷20号增产12.1%。1999年和2000年生产试验,平均单产为294千克,比对照品种晋谷20号增产7.4%。

栽培要点 ①5月中旬播种。②每667平方米播种量1千克,行距33厘米,留苗2.5万~3万株。③生育期间中耕3次。④在谷子钻心虫为害严重地区,谷苗3叶1心期喷杀虫剂1次,隔7天再喷1次。⑤农家肥与硝酸磷肥配合做底肥1次深施。

适应地区 适宜在山西省的长治、晋城、晋中、忻州及自然条件相似的地区做中晚熟品种种植。

联系单位 邮编:046000,山西省长治市,山西省农业科学院谷子研究所。

(二十)晋谷33号

品种来源 原名大同24号。山西省农业科学院高寒区作物研究所于1992年以早熟材料257为母本、特早熟农家品种鸡蛋黄为父本杂交,经连续多代选育而成。2002年4月经山西省农作物品种审定委员会审定并命名。

特征特性 幼苗叶片、叶鞘均为绿色。株高120~128厘米。穗呈纺锤形,长25~27厘米,短刺毛,穗码松紧度中等。千粒重3.5~3.7克。黄谷、黄米,粳性。生育期110天左右。成熟时上部叶片仍保持绿色。田间自然鉴定,对白发病、红叶病、黑穗病有较强抗性。抗倒伏,抗逆性较强。经农业部谷物品质监督检验测试中心测定,晋谷33号小米含蛋白质11.27%,脂肪5.12%,赖氨酸0.3%。

产量表现 1999年和2000年参加山西省谷子早熟区生产试验,2年每667平方米平均产量为203.8千克,比对照(当地早熟品种)增产13.3%。

栽培要点 ①精细整地,施足基肥。②精选种子,保证全苗。③早间苗,早中耕,每667平方米留苗2.5万~3万株。④晋谷33号早熟,品质较好,因而易受鸟害,可适当调整播种期,或远离村庄种植。

适应地区 适宜在山西省忻州市以北地区春播早熟区种植。

联系单位 同晋谷31号。

(二十一)晋谷34号

品种来源 原名85-2。山西省农业科学院农作物遗传研究所于1985年以优质谷子77-322为母本、高产谷子4072为父本进行杂交,经多代连续定向选择,于1993年育成。2002年4月经山西省农作物品种审定委员会审定并命名。

特征特性 幼苗绿色,无分蘖。主茎高150厘米,穗长30厘米。穗呈纺锤形,穗码松紧度适中,短刺毛,黄谷。穗重19.1克,穗粒重16.1克,出谷率83.8%,千粒重3.2克。生育期125天左右。苗期生长整齐。茎秆粗壮坚韧,耐旱,抗倒伏性强。对红叶病、谷瘟病具有较强的抗性。生育后期不早衰,成熟时上部叶片仍保持绿色。经农业部谷物品质监督检验测试中心测定,晋谷34号小米含蛋白质11.91%,脂肪5.3%,维生素 B_1 0.63毫克/100克,支链淀粉15.62%,胶稠度132毫米,碱硝指数级别5.3。

产量表现 1997年和1998年参加山西省谷子中晚熟组区试,2年每667平方米平均产量为244.9千克,比对照品种晋谷16号增产5.4%。2001年在中晚熟区生产试验中,平均单产313.7千克,比对照品种晋谷29号增产16.8%。

栽培要点 ①适宜播期为5月中上旬。②留苗密度以每667平方米2.5万~3.5万株为宜。③施足底肥,及早定苗,适时追肥。

适应地区 适宜在山西省的长治、晋城、晋中、忻州等地春播谷子中晚熟区种植。

联系单位 邮编:030031,山西省太原市,山西省农业科学院农作物遗传研究所。

(二十二)夏谷新品系8774

品种来源 山东省农业科学院作物研究所以矮秆品种宁黄为母本、高产品种鲁谷10号为父本经杂交选育的高产、多抗新品系。

特征特性 在山东省济南地区夏播,生育期90天左右,属夏播中晚熟品种。株高120厘米,生长势强。穗纺锤形、较粗短,穗长14.6厘米,粗2.6厘米。单株粒重10.1克,千粒重2.7克。绿叶成熟,结实性好。据山东省农业科学院中心实验室分析,8774小米含蛋白质10.18%,脂肪3.54%,赖氨酸0.42%,脂肪和赖氨酸含量均高于鲁谷10号。籽粒营养价值高,食味好,出谷率84.4%,出米率82.1%。该品种抗倒伏性强,较抗谷瘟病、谷锈病、纹枯病等主要病害。

产量表现 1996年和1997年参加山东省夏谷区域试验,2年每667平方米籽粒平均产量为353.2千克,居第一位,比大面积推广良种鲁谷10号(对照)增产1.15%,谷草增产12.64%。在生产示范中,最高单产508.9千克。

栽培要点　在山东省济南地区夏播期为6月中旬前后,麦收后抢时早种。每667平方米留苗密度4.5万~5.5万株,行距40厘米。当谷子生长3~4片叶时,要及时间苗。适时追肥,在拔节、孕穗期分别追施2次尿素,每667平方米施20千克左右。在孕穗和开花灌浆期如遇干旱要及时灌水。在谷子生长期间及时防治粘虫和钻心虫的为害。

适应地区　夏谷新品系8774在山东省大部分地区均可夏播,也可春播。以鲁中、鲁南等雨水充沛地区增产效果更明显。

联系单位　邮编:250100,山东省济南市东郊桑园路28号,山东省农业科学院作物研究所谷子高粱室。

(二十三)延谷9311

品种来源　陕西省延安市农业科学研究所以吕谷2号为母本、延79-421为父本经杂交选育而成。1999年通过陕西省农作物品种审定委员会审定,同年在第六届中国杨凌农博会上获得后稷金像奖。

特征特性　在陕西省延安地区生育期为130~135天,属春谷晚熟种。幼苗叶片深绿色,叶鞘浅紫色。株高149.8厘米,主茎直径0.74厘米,平均分蘖1.2个,成穗株叶片深绿色,叶片上举。平均主穗长21.5厘米,穗粗3厘米,穗为圆锥形,松紧适中,刺毛绿色。白谷、黄米。株穗重20~25克,株粒重16.2~21克,千粒重3克左右,出谷率85%~90%,出米率85%。米质粳性,米饭软而香。经化验分析,籽粒含蛋白质10.01%,脂肪5%,赖氨酸0.21%。该品种具有长势壮、耐旱、抗倒伏、品质优、适应性广等特点。高抗谷瘟病、粒黑穗病、白发病。

产量表现　1995~1997年参加北方7省(区)春谷品种区域试

验,3年共21个点(次),每667平方米平均产量为436.7千克,比统一对照品种增产9.3%,居参试品种第二位;1995~1997年参加陕西省秦谷品种(系)区域试验,3年共11个点(次),平均单产537.3千克,比主栽对照品种晋谷21增产12.7%。1996~1999年进行大面积示范,在米脂县桥河岔乡种植,单产为145.3千克,比对照品种增产8.5%。1999年在延安市的志丹县川地大面积种植,平均单产300千克。在甘泉县东沟乡梯田示范,平均单产506.7千克。延谷9311在历年的种植中,均表现高产、稳产,增产潜力大。

栽培要点 切忌与糜谷类作物连茬,最好选用大豆、马铃薯茬。在川地、塬地、梯田、缓坡地可垄沟条播,山地、水地平沟种植。适时播种,梯田一般在4月20日左右春播,川地一般在5月10日左右播种。施足底肥,每667平方米施农家肥2000千克左右。播种时以过磷酸钙20千克,碳酸氢铵15千克做种肥,拔节时追尿素7.5千克。合理密植,山旱地每667平方米留苗1.5万~1.8万株,川塬地留苗2万~2.5万株。早定苗、间苗。一般在3叶1心期间苗,5叶1心期定苗,生长期间及时中耕除草,一般可进行2~3次。

适应地区 适宜在北方春谷区种植。特别适宜在陕西省的延安市、榆林地区以南的6县及相邻的渭北旱塬、山西省的临汾地区种植。在川地、台地、塬地、梯田等条件下均能种植。

联系单位 邮编:716000,陕西省延安市农业科学研究所。

(二十四)龙谷25号

品种来源 黑龙江省农业科学院作物育种研究所谷子研究室采用杂交方法培育成的春谷新品种。1986年通过黑龙江省农作物品种审定委员会审定。

特征特性 龙谷25号最突出的特点是含硒量丰富,是一个良好的食疗品种。每千克籽粒含硒0.065毫克,比一般品种高1.7

倍。生育期117天左右,属中熟品种。株高145~150厘米,穗长18.8厘米,单株粒重11.7克,千粒重3.2克。小米品质优良,蛋白质含量为12.49%。茎秆粗壮抗倒伏,抗病虫害能力强。

产量表现 1984年和1985年在黑龙江省的松花江地区进行生产试验,2年10个点(次)平均每667平方米产量为159.2千克。1986年和1987年在14个示范点上种植,平均单产218.4千克。

栽培要点 在黑龙江省哈尔滨地区4月下旬至5月上旬播种,垄距70厘米,每667平方米留苗5万株左右。及时锄草,防治害虫,搞好田间管理。

适应地区 适宜在黑龙江省的尚志、方正等县种植,在内蒙古自治区的突泉及吉林省的白城一些地方也可种植。

联系单位 邮编:150086,黑龙江省哈尔滨市,黑龙江省农业科学院作物育种研究所。

(二十五)冀特1号

品种来源 河北省农业科学院谷子研究所选育而成。1990年3月通过河北省农作物品种审定委员会审定并命名。

特征特性 冀特1号生育期为86天,属早熟种。株高129厘米左右。幼苗叶片绿色,叶鞘浅紫色,叶鞘披散。穗纺锤形,穗长18.5厘米,穗码紧、穗硬,刺毛中长、绿色,单穗重12.3克,单穗粒重10.2克,黄谷、黄米,千粒重2.6克。它是我国首次育成的小米综合营养成分含量高的食品加工型品种。籽粒含蛋白质13.63%~14.35%,比一般育成品种高1.69%~4.83%。每100克籽粒含维生素A 69~138个国际单位,含维生素B_1 0.66~0.842毫克,含维生素B_2 0.108~0.12毫克,含维生素E_α 15.69微克/克,含维生素E_β 14.38微克/克。亚油酸占脂肪酸的67.3%~73.16%。必需氨基酸指数为95.82,比一般品种高10.04%。1988年和1999年经河北省各试验点调查结果,抗谷锈病,活秆成熟,结实性好,并抗倒伏。

产量表现 一般每667平方米平均产量为277.9千克，比对照品种豫谷1号增产2%～3%。

栽培要点 ①精细播种。播种前做好种子处理，清选后用0.2%1605拌种，用耧大小行种植，大行距0.4米，小行距0.1米，每667平方米播种量为0.5～0.6千克。夏播前最好每667平方米施复合肥20千克。夏至前播种最适宜，播后及时镇压保墒。②田间管理。4叶期间苗，7～8叶时定苗，每667平方米留苗5万～5.5万株。及时中耕，注意蹲苗，孕穗期追肥、浇水、培土。间苗后防治钻心虫，成熟后在田间选株留种。适当提早收获，可提高小米的蛋白质含量。

适应地区 适宜在河北省的夏谷区种植。

联系单位 邮编：050031，河北省石家庄市，河北省农业科学院谷子研究所。

（二十六）冀特5号

品种来源 河北省农业科学院谷子研究所从山东农家品种的变异单株中系统选育而成。属糯谷新品种。用它生产的小米是制作糕点类食品的上等原料。支链淀粉含量96%以上，可用以加工增稠剂、粘合剂、糊精等，在酿造业、纺织业、制药业上有广泛用途。

特征特性 既可春播也可夏播，夏播生育期83天左右。株高110～120厘米，穗长20厘米，幼苗绿色，分蘖力中等。叶片上冲，株型紧凑。成穗率高，穗松紧适中。穗粒重13.6克，千粒重2.8克，出米率80%。籽粒含蛋白质12.26%，脂肪4.64%，胶稠度147毫米，碱硝指数级别2，支链淀粉3.7%。黄谷、黄米，无秕粒。该品种根系发达，长势旺盛，抗旱性突出，高抗谷瘟病、白发病，中抗谷锈病、红叶病。抗倒伏，适应性强。

产量表现 一般每667平方米产量为450千克，在水肥充足的条件下可达500千克。

栽培要点 播前精选种子,进行晒种和药剂拌种,以防治地下害虫。河北省的中部地区春播在谷雨前后,夏播在夏至前后,麦收后及时抢墒播种。每667平方米播种量0.6~0.7千克,留苗5万~6万株,4叶期间苗。施足底肥,有条件时适当施用种肥,孕穗期追施速效氮肥20千克。在拔节、抽穗、灌浆期可视旱情及时浇水。

适应地区 对土壤要求不严,适于华北春、夏谷区种植。

联系单位 同冀特1号。

(二十七)绿洲蘖谷

品种来源 绿洲蘖谷是从千斤谷中经系统选育而成。是分蘖强、高产优质粮草兼用品种。

特征特性 该品种生育期115~120天,属中熟种。夏播90~100天。株高155~160厘米。在旱地有效分蘖3~5个,在水浇地有效分蘖6~8个。茎秆粗壮,茎粗0.5~0.6厘米,有10~13个节,节间长8~13厘米。穗长筒形,穗长23~26厘米,最长可达30厘米,穗粗6~7厘米,穗重20克左右,大穗达40克,穗粒重16~20克,粒小而均匀,千粒重2.2~2.5克。谷皮薄,谷粒黄白色,出米率70%~80%。穗码紧,不易落粒,可抗5~6级风不落粒。抗旱、耐涝、抗倒伏,耐盐碱。在区试、示范、推广过程中未发现病害。绿洲蘖谷营养丰富,做干饭、煮粥有浓郁香味,易熟,不回生,口感好。据分析,籽粒含蛋白质13.03%,脂肪3.95%,淀粉73.92%,其中支链淀粉占总淀粉的29.94%,胶稠度50毫米。含有人体所必需的各种氨基酸。该品种又可做优质饲草,谷草含蛋白质3.3%,脂肪1.1%,纤维38.3%,灰分6.46%。

产量表现 一般每667平方米平均籽粒产量为500千克,在高水肥地块种植可达750千克。经黑龙江、内蒙古、辽宁、吉林等省、自治区多点试验,产量高而且稳定。由于该品种可以粮、草兼用,所以对谷草的产量和品质也有一定要求。它植株高大,长势强,有效分蘖多,饲草产量是一般籽粒的 1.5 ~ 2 倍,每 667 平方米可产饲草 1 500 ~ 2 000 千克。在北方牧区,用蘖谷草做饲草具有现实意义。

栽培要点 ①合理轮作,深耕整地。绿洲蘖谷最好的前茬是豆类,其次为玉米、高粱、小麦或薯类。做好秋深耕,早春顶凌耙地,可以起到保墒作用。施足底肥,每 667 平方米施农家肥 4 000 ~ 5 000 千克,磷酸二铵 20 千克,尿素 10 ~ 15 千克,生物钾肥 1 ~ 1.5 千克。②适时播种。播种前 3 ~ 5 天将种子放在 10% ~ 15%的盐水内浸种,之后捞出漂在水面上的秕谷、草籽和杂质,将种子用清水洗 2 ~ 3 遍晾干,可提高种子的发芽率和出苗率。在生育期不足 115 ~ 120 天的地区可催芽,地膜覆盖。播种量每 667 平方米为 0.4 千克,覆土 3 厘米,行距 45 ~ 50 厘米。如以饲草为主,可采用平作条播,行距 15 厘米,播种量为 0.6 ~ 0.7 千克。③及时间苗,浇水追肥。在 3 叶期间苗,5 片叶时定苗。生产籽粒每 667 平方米留苗 1.8 万 ~ 2 万株,生产饲草留苗 3.5 万 ~ 4 万株。在拔节期、灌浆期结合灌水追施尿素 10 千克。④防治虫害。当温度偏高、空气湿度大时,绿洲蘖谷易受粘虫、粟螟和红蜘蛛为害。待发现粘虫时,用 95%久效磷乳油 2 500 ~ 3 500 倍液,或 80%敌敌畏 2 000 ~ 3 000 倍液喷施。⑤适时收获。当谷穗中下部籽粒颖壳变黄、变硬时,及时收获。

适应地区 适宜在大于或等于 10℃积温 2 500℃以上的地区种植,如黑龙江、吉林、辽宁、内蒙古等省、自治区种植。

联系单位 邮编:161041,黑龙江省齐齐哈尔市绿洲农业有限公司。

第六章　黍(黍子、糜子、稷)

一、黍的生产状况、发展趋势、生态区划与引种原则

(一)黍的分布与生产状况

黍主要有3种类型：圆锥花序较密，主穗轴弯生，穗的分枝向一侧倾斜的为黍型，即黍子；圆锥花序密，主穗轴直立，穗的分枝密集直立的为黍稷型，即糜子；圆锥花序较疏，主穗轴直立，穗的分枝向四面散开的为稷型，即稷。其米有粳、糯两种类型，粳者称为糜子(又叫稷子、硬黍子)，糯者称为黍子(又叫软糜子、软黍子)。有的地方把两种类型统称为黍子，有的统称为糜子，有的又合称糜黍。

黍是一种古老的农作物，在世界上分布范围很广，从南回归线到北纬57°都有种植。全世界种植面积为550万～600万公顷，单产水平为每667平方米50千克。播种面积最多的国家是俄罗斯、中国、乌克兰，在印度、阿根廷、伊朗、蒙古、朝鲜、日本、法国、罗马尼亚、美国和澳大利亚等国也有一定的栽培面积。

我国是黍的主产国之一，东起台湾省，西至新疆维吾尔自治区和青藏高原，南起海南省的琼海，北到内蒙古自治区的海拉尔都有栽培，而主产地却集中在长城沿线和黑龙江、吉林省的一些地方。包括河北省的张家口、承德地区，内蒙古自治区的赤峰市、乌兰察布盟和伊克昭盟，山西省的雁北、忻州地区，陕西省的榆林、延安地区，宁夏回族自治区的银南、固原地区，甘肃省的庆阳、平凉、定西

地区，黑龙江省的嫩江地区，吉林省的白城地区。栽培面积最大的是内蒙古自治区、甘肃和陕西省。20世纪50年代，我国黍的面积约200万公顷，70年代以后随着种植业结构调整，面积逐渐缩小，目前为80万～100万公顷。据报道，1991～1995年平均内蒙古自治区播种面积15.2万公顷，甘肃省15.3万公顷，陕西省9.2万公顷。与50年代相比，分别减少了78.3%，45.4%，61.7%。尽管种植面积减少了50%以上，然而市场需求仍然能够基本得到满足。其原因除了人们食用需求减少之外，主要的是由于生产水平的提高。现在我国黍的单产水平为每667平方米71.3千克，比解放初期提高了60%。

（二）黍的生产发展趋势

黍种植面积缩小，单产水平提高，多年来总产量维持在100万吨上下，变化不是很大。更由于它并非国计民生的必需产品，市场需求量不大且不迫切。因此，人们对黍的生产没有衰落之感。今后黍的生产是继续下滑还是有可能恢复一些？我们认为，从播种面积上说，下滑和回升都没有多大余地，靠提高单产（或同时少量地恢复种植面积）来增加总产量，是今后发展的趋势。

黍的籽粒含蛋白质8.6%～15.5%，含脂肪2.6%～6.9%，含淀粉67.6%～75.1%。蛋白质和脂肪含量明显高于小麦和大米，淀粉含量与其他谷物相似。磷、铁等矿物质的含量，维生素B_1、维生素B_2及维生素E的含量，均高于小麦和大米，有较高的食用价值，对人们的生活来说，虽然不是必需的，但也是不可缺少的。

黍耐旱，耐瘠薄，耐盐碱，生长迅速，生育期短。因此，在农业生产中常能发挥一些特殊作用。在干旱半干旱地区，在无霜期短、土壤瘠薄和盐碱较重的地方，不能种植其他作物，但种植黍仍会有一定收获。黍又是一种救灾作物，在遭受旱、涝、雹灾之后，抢种黍，常能减少损失，保障灾区人民的正常生活。例如1962年，自然灾害比较严重,这一年全国黍的种植面积最大。

在黍的生产区,它又是一种重要饲料,除籽粒可做精饲料外,脱粒后的茎叶又是家畜的冬、春饲草。在黍产区,有的年份因黍歉收饲草不足会造成家畜冬、春死亡。黍又是近年来兴起的一种小宗出口商品,销往日本、韩国等地,用于制作糕点和风味食品。

从以上分析可以看出,黍的市场需求特点是:需求不多,但不能缺。因此,今后黍的生产不会出现大起大落的局面。

(三)黍的栽培生态区划

了解黍栽培的生态区划,是搞好引种工作的前提。科技工作者将我国黍栽培划分为7个生态区。

1. **东北春黍区** 包括黑龙江、吉林、辽宁省(朝阳地区除外)和内蒙古自治区的通辽市中部及大兴安岭地区。春播型品种。主要为糯性,多为中熟或早熟品种。

2. **华北夏黍区** 包括北京、天津市,河北省,河南省的大部分地区,山东省,安徽和江苏两省的淮北地区。以夏播复种为主,品种多为糯性,熟性多样。

3. **北方春黍区** 长城沿线及其以北地区,包括内蒙古自治区大兴安岭以西的大部分地区,辽宁省的朝阳地区,河北省的承德和张家口地区,北京市的延庆县,山西省的晋北与晋西北,陕西省的榆林及沿长城各县,宁夏回族自治区的盐池和同心县、引黄灌区,甘肃省的河西走廊地区。品种以春播为主,南部有小部分复播。以糯性品种为主,向粳性品种过渡。品种具有耐瘠、抗旱、抗倒伏等特点。

4. **黄土高原春、夏黍区** 包括河北省西部、山西省大部、河南省西部、陕西省中北部、甘肃省中东部及甘南、宁夏回族自治区南部和青海省东部。品种类型复杂多样,是由糯性品种为主向粳性品种为主的过渡区。西北部以春播为主,东南部以夏播为主。

5. 西北春、夏黍区 包括新疆维吾尔自治区全境、甘肃省西北部的酒泉地区。粳性品种为主,春播品种为主,也有夏播。

6. 青藏高原春黍区 包括西藏自治区全境、青海省中西部、四川省西部。品种为粳性,一般为春播。

7. 南方秋、冬黍区 包括秦岭、淮河以南,青藏高原以东的各省、自治区。零星分布,种植不多。品种多为糯性。秋、冬播种,翌年春季收获,生育期较短。

(四)黍的引种原则及对良种的要求

1. 引种原则 科学地引用优良品种,是发展黍生产的一项非常重要的措施。例如陕西省的糜子良种紫秆大日月引入宁夏回族自治区后,经过审定推广,对当地的品种更新换代起了很大作用,并且作为杂交育种的亲本材料育成了许多有价值的品系。各产区实际上每年都有引种活动,使各地的黍单位面积产量不断提高,从而在种植面积严重缩减的情况下基本上还能满足市场需求。

黍是短日照喜温作物,在引种过程中需遵循这种作物的引种规律。一般从低海拔、低纬度地区向高海拔、高纬度地区引种,该品种比在原产地生育期延长,开花推迟;反过来,从高海拔、高纬度地区向低海拔、低纬度地区引种,常常是生育期缩短,提前开花成熟,影响产量。有人做过试验,将内蒙古自治区的品种拿到海南省去种(由北纬40°引种到北纬20°),由于温度高、日照短,从出苗到抽穗成熟仅1个月;而把海南省的品种拿到内蒙古自治区去种,生长120天,长出22片叶子也不能抽穗。同引种其他作物一样,除了应考虑品种原产地与当地生态条件外,还要注意做好检疫工作,防止引进新的病虫害。对引进品种必需进行试验示范,确认适宜当地种植时才能大面积推广,否则常会造成重大损失。20世纪70年代末,内蒙古自治区的伊克昭盟一些地方引进巴彦淖尔盟的13号糜子,未经试验就大面积种植,由于生育期缩短,减产将近1/2。

这个教训应当引以为戒。

2.黍的良种条件 高产、稳产、落粒轻、出米率高是黍优良品种必备的条件。有专家估算,目前黍的实际产量仅为理论产量的20%~30%。事实上不仅是理论估算,而且与生产实践中的高产典型相比较,都证明了黍有很大的增产潜力。现在全国平均每667平方米产量71.3千克,而许多地方已经达到166.7千克,一些高产典型已经有300~400千克的纪录。1983~1997年在全国范围进行的黍品种区域试验,筛选出20多个优良品种,一般增产15%~20%,有的达30%~50%。黍的落粒性品种间差异很大(1.1%~61.5%),出米率70%~80%。对良种的要求是在综合性状优良的基础上,落粒尽量轻些,出米率尽量高些。为了达到稳产的要求,良种必须具有较强的耐瘠性、耐盐碱性,抗旱性、抗病性等。

优良品种不仅要求高产,同时要求优质。粳性黍优种的蛋白质含量应在13%以上,脂肪3.5%以上,赖氨酸0.2%以上,支链淀粉7.5%以下,米色深黄,适口性好。

糯性黍优质种要求蛋白质含量在13.5%以上,脂肪3.5%以上,赖氨酸0.22%以上,支链淀粉0.5%以下,粘性好,米色黄,适口性好。

3.黍的优良种子质量标准 根据国家标准局颁布的GB 4404.1—1996农作物种子质量标准规定,黍原种纯度不低于99.8%,净度不低于98%,发芽率不低于85%,水分不高于13%。黍良种纯度不低于98%,其他项目同原种标准。

二、黍的优良品种

黍的优良品种较多,本书着重介绍10个品种。其中(一)至(六)为糯性品种;(七)至(十)为粳性品种。

(一)龙 黍 22

品种来源 黑龙江省农业科学院作物育种研究所以龙黍12×龙黍3号高代株系为母本、龙黍9号×龙黍5号高代株系为父本复合杂交培育而成。已通过黑龙江省农作物品种审定委员会审定。

特征特性 在黑龙江省哈尔滨地区生育期100天左右,属中早熟品种。株高164.2厘米,绿色花序,散穗型,穗长36.6厘米,千粒重6.1克,出米率70%。籽粒褐色、糯性,米质粘。籽粒含蛋白质高达15.12%,含赖氨酸0.17%,品质和口感好,该品种具有高产、耐瘠薄、抗逆性强、抗倒伏等特点。

产量表现 1982~1984年参加黑龙江省黍子区域试验,在牡丹江地区13个点试验,每667平方米平均产量140.1千克。1984年和1985年参加全省8个点试验,平均单产132.4千克。

栽培要点 在黑龙江省一般5月上旬播种。每667平方米播种量1千克左右,留苗5万株左右,在黍子生长5~6片叶时定苗。苗期要及时防治粘虫。成熟时及时收获,防止落粒。

适应地区 适宜在黑龙江、吉林、辽宁等省的山区和半山区种植。

联系单位 邮编:150086,黑龙江省哈尔滨市学府路50号,黑龙江省农业科学院作物育种研究所。

(二)晋黍1号

品种来源 山西省农业科学院高寒区作物研究所从农家品种马王黍子中系统选育而成。1989年3月通过山西省农作物品种审定委员会审定。

特征特性 生育期100~110天。株高120~140厘米,穗长25~32厘米,茎节数7~9节。千粒重6.8~7.2克。叶片宽且厚,叶色浓绿。穗型为侧散穗,护颖紫色。分蘖力强,成穗率高,单株产量高。耐旱,抗倒伏、抗红叶病,在轻度或中度盐碱地上生长良好。经山西省农业科学院分析测定,籽粒蛋白质含量14.63%,脂肪含量4.34%,维生素E含量4.4毫克/100克,B族维生素含量0.156毫克/100克,支链淀粉含量几乎100%。1988年北方6省、省治区7个品种异地种植鉴定,晋黍1号的米糕色黄、软、筋、香甜,适口性佳,被评为第一名。

产量表现 1986~1988年参加山西省黍子区域试验,3年平均每667平方米产量为179.7千克,名列第一。1987年在大同、临汾等地示范,平均单产为193.4千克,比当地对照品种增产30.4%。1988年平均为212.4千克,比对照增产27.3%。1988年在浑源县推广967公顷,每667平方米平均产量为251千克,比对照品种增产20.76%。

栽培要点 ①适时早播,平川区最佳播种期是5月5~15日,丘陵区在5月12~25日。5月25日以后播种,明显减产。②农家肥与化肥配合使用,纯量氮、磷比例为1:0.8~1.4。氮肥施用量基肥与追肥并重,追肥时间以8~9叶展开至抽穗前为宜。③合理密植,每667平方米留苗密度4万~6万株,肥地略稀,薄地略密。5叶期间苗,同时浅中耕1次。

适应地区 适宜在山西省的雁北、忻州等地及临汾山区,河北省北部及内蒙古自治区的部分地区种植。

联系单位 邮编:037004,山西省大同市,山西省农业科学院高寒区作物研究所。

(三)晋黍3号

品种来源 原名雁黍3号。山西省农业科学院高寒区作物研究所从农家品种紫罗代中通过系统选种选育而成。1995年4月经山西省农作物品种审定委员会审定,并命名为晋黍3号。

特征特性 在山西省大同地区生育期100~105天,属中熟品种。株高127厘米左右,茎粗0.42厘米,主茎节数7.5节。侧穗型,穗长26.3厘米,抽穗至成熟期植株上部呈现微紫色。出米率84.1%,籽粒白色,千粒重6.75克左右。据农业部谷物品质监督检验测试中心分析,籽粒含蛋白质10.98%,脂肪3.73%,支链淀粉11.5%,总糖5.15%。该品种分蘖力强、茎秆粗壮,抗倒伏、抗旱、抗病,群体结构好,植株整齐一致。

产量表现 1993年在山西省的忻州、朔州、应县、怀仁、山阴、阳高、广灵、大同等地8个试验点种植,各点均表现增产,每667平方米平均产量为203.3千克,比当地对照品种增产20.2%。1994年在忻州、浑源、大同、阳高等地试验,均表现增产,平均单产为199.2千克,比对照晋黍1号增产11.9%,1993年和1994年平均单产为201.3千克,比对照品种增产16%。

栽培要点 在山西省北部平川地区,以5月15日前后播种为宜;丘陵地区,以5月20日前后播种为宜。及时间苗,株距3~5厘米。高水肥地块应稀植,每667平方米留苗2万~2.5万株;瘠薄地和施肥水平低的地块,适当密植,留苗2.5万~3万株。黍子生长到5~6片叶展开时,应中耕1次,抽穗前再中耕1次。穗部80%籽粒脱水变硬即可收获。

适应地区 适宜在山西省的北部平川、丘陵区春播,在晋中、临汾地区可进行复播。

联系单位 同晋黍1号。

(四)晋黍4号

品种来源 原名雁黍4号。山西省农业科学院高寒区作物研究所于1988年从内蒙古伊克昭盟农业科学研究所交换的低代材料中选育而成。杂交组合为内黍2号×伊黍1号(杭锦小白黍×准旗紫秆红)。1996年4月经山西省农作物品种审定委员会审定,定名为晋黍4号。

特征特性 在山西省大同地区生育期95天左右,属早熟种。比晋黍1号早熟10~15天。幼苗、叶片、叶鞘均为绿色。株高125厘米左右,主茎节数7~8节,侧穗型。穗长30厘米左右,单穗重8克左右。籽粒白色,米黄色,适口性好。据农业部谷物品质监督检验测试中心分析,籽粒含蛋白质13.2%,脂肪2.72%,支链淀粉13.8%,总糖量5.84%。该品种抗倒伏力强,抗旱性好,植株生长整齐,灌浆快,落黄好,成熟一致,在各试验中未发现病害。

产量表现 1993年在山西省忻州、朔州地区及大同市共9个县试验种植,每667平方米平均产量为197.4千克,比对照品种增产16.7%。1994年在上述地区种植,平均单产为198千克,比对照品种增产11.2%。在2年的种植中表现高产、稳产。

栽培要点 ①适时播种。在山西省晋北平川区于5月15日前后播种,丘陵区于5月20日前后播种。②施足基肥。农家肥与氮、磷化肥配合施用。③合理密植。在土地瘠薄的地块,一般每667平方米留苗2.5万~3万株,复播适当加大密度(6万~7万株)。④加强田间管理。早间苗、早锄草,在黍子生长到5叶、6叶期和孕穗期各中耕除草1次。在黍子拔节、孕穗期,结合中耕每667平方米施尿素5~7.5千克。有条件的地方在黍子抽穗期,每667平方米可喷施0.3%~0.4%磷酸二氢钾水溶液50~60千克,可促进灌浆,使黍粒大饱满,提高千粒重,增产效果明显。

适应地区 适宜在山西省北部丘陵山区春播,也可在山西省中部平川夏播。

联系单位 同晋黍1号。

(五)晋黍5号

品种来源 山西省农业科学院高寒区作物研究所于1982年以981为母本、伊黍1号为父本经杂交,采用系统选择、混合选择及定向选择相结合的方法培育而成。1992年参加品种比较试验，1995～1997年参加山西省生产示范和田间鉴定，明确了适应范围和推广价值。1998年通过山西省农作物品种审定委员会审定。

特征特性 在山西省大同地区生育期105天左右，属中熟种。株高136～162.4厘米，节数8.24～8.48节，侧穗型，穗长30.3～34.01厘米，千粒重8.83～9.55克。花序和护颖为绿色，籽粒整齐。晋黍5号营养成分含量高，品质优良，米糕黄、软、筋、甜，适口性好。经农业部谷物品质监督检验测试中心测定，籽粒蛋白质含量11.7%，脂肪含量2.93%，支链淀粉含量97.6%，达到国家优质糯米标准。该品种植株整齐，根系发达，茎秆粗壮、坚韧，抗倒伏、抗旱能力强，分蘖力弱，以主茎成穗为主，灌浆速度快，成熟时保持绿叶、黄穗，籽粒大而饱满。

产量表现 1995年和1996年参加山西省的大同和朔州市、忻州和吕梁地区多点生态适应性鉴定试验，在2年17个点(次)中均表现增产，每667平方米平均产量分别为169.5千克和262.6千克，比对照品种分别增产30.3%和42%。1997年在大同市和朔州市参加大面积生产示范，平均单产247千克，比当地品种增产23.6%，表现产量高而稳定。

栽培要点 在山西省的大同地区适宜播种期为5月22～29日，最适播种量为每667平方米0.7～0.9千克。最佳施肥量为每667平方米纯氮6.2千克，五氧化二磷5.9千克。

适应地区 适宜在山西省、河北省的张家口和承德地区、内蒙古自治区的乌兰察布盟和伊克昭盟的黍产区种植，也可作为春旱晚播救灾品种种植。

联系单位 同晋黍1号。

(六)鲁黍1号

品种来源 山东省潍坊市农业科学研究所从地方品种广饶粘

黍中系统选育而成，并通过山东省农作物品种审定委员会审定。

特征特性 在山东省潍坊地区生育期80~88天，属早熟品种。株高120厘米，千粒重5.2克，出米率86%，粘度大，适口性好。该品种抗黑穗病和红叶病，也抗叶斑病，并且抗倒伏。

产量表现 1988年和1989年参加山东省区域试验，每667平方米平均产量261.6千克。1990年参加多点试验和生产示范，平均单产177.1千克。

栽培要点 春、夏播均适宜。在山东省潍坊地区春播5月中下旬，夏播6月中下旬。每667平方米播种量0.75千克左右，留苗3万~4万株。施足农家肥做基肥，注意施种肥，每667平方米施磷肥2~3千克，氮肥15千克。苗期及时防治蚜虫和蓟马，黍子生长后期防治鸟害。及时中耕除草。

适应地区 适宜在山东、河北、河南、山西等省种植。

联系单位 邮编:261041，山东省潍坊市农业科学研究所。

(七)伊糜5号

品种来源 内蒙古自治区伊克昭盟农业科学研究所和准格尔旗良种场联合育成。

特征特性 在内蒙古自治区伊克昭盟地区生育期112天左右，属晚熟品种。株高156厘米左右，茎秆粗壮。千粒重8.32克左右，皮壳率约17.4%。该品种抗倒伏，耐肥水，中度抗盐碱。

产量表现 1983~1985年在内蒙古自治区伊克昭盟参加生产示范，各参试点的大部分比对照品种表现增产。

栽培要点 在伊克昭盟地区适宜早播，以5月中下旬播种为宜。每667平方米留苗5万~7万株。除施农家肥做基肥外，还要增施氮肥10千克，磷肥2.5千克做种肥。及时进行田间管理，中耕除草2~3次。穗子基部籽粒蜡熟时及时收获，以防落粒。

适应地区 适宜在内蒙古自治区伊克昭盟的东部和南部、土默特川平原、清水河县以及陕西省的府谷县种植。

联系单位 邮编:017000,内蒙古自治区东胜市,伊克昭盟农业科学研究所。

(八)榆糜2-12

品种来源 由陕西省榆林地区农业科学研究所在品种资源研究鉴定基础上,从地方品种神木红糜子中通过单株混合选种育成。

特征特性 在榆林地区生育期85~95天,属中早熟种。株高125厘米左右,地上伸长节6~7个。幼苗绿色、绿秆,主茎叶12~13片,花序绿色。侧穗型,单株有效穗1.5个,穗长30厘米左右。籽粒红色、粳性,单株粒重7.5克,千粒重8.5~9克。籽粒特大,属特大粒类型。皮壳率18%左右。籽粒含蛋白质13.5%,脂肪4.4%,纤维8.67%,赖氨酸0.19%,淀粉62.85%,灰分3.18%。该品种品质优良,抗旱性强,抗黑穗病,不易落粒。

产量表现 在陕西省北部的山旱地种植,每667平方米平均产量150~200千克,最高可达350千克。在陕北的西部地区种植,一般平均单产100~150千克。

栽培要点 在陕北的西部地区5月下旬至6月上旬播种为宜,每667平方米播种量1.5千克,留苗7万~8万株。在陕北的东北部6月中旬播种为宜,播种量为1千克,留苗4万~5万株。播前晒种1~2天,每天晒4~6小时。每667平方米施农家肥500~1 000千克,碳铵25千克,过磷酸钙10~15千克。出苗后及时间苗定苗,去除杂草,拔节期进行培土,并注意防治病虫害。

适应地区 适宜在陕北地区的山旱地种植,其他相似生态区也可种植。

联系单位 邮编:719000,陕西省榆林地区农业科学研究所。

(九)宁糜9号

品种来源 宁夏回族自治区固原地区农业科学研究所以鼓鼓头为母本、海原紫秆红为父本有性杂交系统选育而成。已通过国家农作物品种审定委员会审定。现推广种植面积较大。1994年获宁夏回族自治区科技进步二等奖。

特征特性 在固原地区生育期100天左右,属中熟种。幼苗绿色,花序也为绿色。侧穗型,籽粒粳性、黄粒,千粒重8克,属大粒种。籽粒含蛋白质12.02%,穗颈长13厘米。该品种的米饭口感好。植株的耐旱性强,久旱遇雨恢复生长能力强。

产量表现 宁糜9号丰产性好,一般比对照品种增产15%~20%。

栽培要点 春播在土壤5~10厘米土层温度稳定在12℃左右时进行播种。一般在5月上中旬为宜。每667平方米施农家肥2000千克做基肥。配合播种施尿素8千克做种肥。播种量要根据种子发芽率、土质、土壤墒情和留苗密度决定。一般整地精细、土壤墒情好时,每667平方米播种量1~1.2千克。如土壤粘重、春旱严重,可增加到1.3千克左右。留苗5万~6万株。加强田间管理,及时中耕除草,防治病虫害。

适应地区 适宜在宁夏回族自治区固原地区及甘肃省中部和山西省西北部种植。

联系单位 邮编:756000,宁夏回族自治区固原地区农业科学研究所。

(十)陇糜4号

品种来源 甘肃省农业科学院粮食作物研究所以雁北大黄黍为母本、会宁大黄糜为父本经有性杂交培育而成。该品种推广面积较大,并通过国家农作物品种审定委员会审定。1994年获甘肃省科技进步二等奖。

特征特性 在甘肃省会宁地区生育期119天左右,需大于或等于10℃积温为1912℃。幼苗和花序均为绿色。侧穗型,籽粒黄色、粳性,千粒重7.7克,籽粒含蛋白质13.13%。

产量表现 在甘肃省夏播生育期短,丰产性能好,一般比当地黑小糜增产21.7%左右。

栽培要点 精细选种,要选择籽粒饱满、发芽率高、无病虫、无霉变的种子。适时播种,春播一般在5月上中旬。如果复播,海拔1400~1450米的地区应在6月30日前播种,海拔1400米以下的地区可于7月10日前播种。在瘠薄地块和施肥水平低的地块,每667平方米留苗4万~5万株,复播留苗6万~7万株。施足底肥,每667平方米施农家肥3000千克,尿素8~10千克。为防治地下害虫,可用40%的甲基异柳磷乳剂0.2千克,对水5升,拌种100千克。适时收获,当糜子有95%的植株进入蜡熟期时为最佳收获期,应及时收获。

适应地区 在甘肃省庆阳地区作为复播品种推广。适宜在甘肃省的会宁、镇远、环县、庆阳及陕西中部地区种植。

联系单位 邮编:730070,甘肃省兰州市,甘肃省农业科学院粮食作物研究所。

第七章 荞 麦

一、荞麦的生产状况及发展趋势

(一)荞麦的生产状况

1. **世界荞麦的生产与分布** 荞麦又名乌麦、花麦和三角麦。有甜荞和苦荞两个栽培种,甜荞在世界种植广泛,苦荞惟我国栽培。甜荞主要分布在欧洲和亚洲一些国家,特别是以素食为主的亚洲发展中国家,作为重要粮食作物广泛种植。甜荞主要生产国有俄罗斯、中国、乌克兰、波兰、法国、美国、加拿大以及日本和韩国。据联合国粮农组织统计资料,全世界甜荞的种植面积为700万~800万公顷,总产量为500万~600万吨。前苏联种植面积为300万~400万公顷,总产量约200万吨,每公顷产量为615千克,最高达4 000千克。美国种植面积5万~6万公顷,总产量为8.9万~9万吨,平均每公顷产量800~900千克。加拿大和法国种植面积各为10万公顷。日本种植面积约3万公顷,总产量为2万~3万吨,平均每公顷产量675~975千克。日本人喜食荞麦,本国所产的荞麦远不够用,每年需进口9万吨左右(1990~1992年)。1999年札幌市场荞麦粉每千克价格合人民币53.8元,荞麦挂面每千克65元。1999的意大利罗马市场上每千克荞麦米合人民币64.14元,每千克荞麦片合人民币81.6元。

2. **我国荞麦的生产状况** 我国为世界甜荞第二大生产国,种植面积和产量次于俄罗斯。苦荞只有我国栽培和利用。

(1)*荞麦在农业生产中的地位和作用* 由于荞麦营养价值、食用价值、药用价值较高，利用较广泛，所以在我国从南到北、从东到西都有栽培。由于各地气候、地形、地貌的差异，农耕制度的不同，形成了春荞、夏荞和秋荞的不同栽培区域。荞麦生产规模虽小，但在历史上有不可代替的作用，并在生产中形成自己的优势。

①资源优势　由于我国地域辽阔，自然生态条件错综复杂，以及长期的自然选择和人工选择，形成了丰富多彩的品种类型，如大粒荞、小粒荞、黑荞、大棱荞麦、小棱荞麦、三棱荞麦、永胜红花荞麦、红花甜荞、老鸦苦荞、大苦荞、灰粒苦荞、野生荞麦、黑粒苦荞、五台苦荞等等。到现在为止，全国共搜集保存荞麦遗传资源 2 790 余份。在品种类型、数量、质量等方面均占有优势。

②救灾、填闲作物　从历史到现在荞麦作为救灾作物发挥过很大作用。由于荞麦的生育期短，从播种到收获一般只有 70～80 天。正如农谚所说，"八月荞麦九月花，十月荞麦收到家"。荞麦抗旱性强，适应性广，同时耐瘠薄，对温度、光照、水分、土壤的要求不严，在土地瘠薄、耕作粗放的情况下，都能有一定的收获，所以遇到自然灾害是良好的救荒补种作物。1954 年我国长江流域遇到特大洪涝灾害，国家从内蒙古自治区等地向灾区调去荞麦种子 21 500吨，在湖北、安徽、江苏等省种植，在生产救灾上发挥了良好的作用。

③品质优势　据山西省农业科学院农作物品种资源研究所分析，荞麦籽粒中蛋白质含量为 7.94%～17.15%，脂肪含量为 2%～3.64%，淀粉含量为 67.45%，纤维含量为 1.04%～1.33%。据美国《食物与营养百科全书》食物成分分析，黑荞麦粉的蛋白质含量为 11.7%，这说明荞麦面粉的蛋白质含量优于大米、小米、玉米及小麦面粉。荞麦富含赖氨酸，在山西省的名优粮食品种中，荞麦的赖氨酸含量最高，分别是小麦、水稻、玉米、谷子、高粱、黍子的 1.8～4.5 倍。对山西省的 131 份荞麦品种的分析表明，甜荞高赖氨酸的种质（>0.6%）占荞麦品种总数的 87%，苦荞高赖氨酸的

种质(>0.6%)占品种总数的 63%,苦荞 83-41 和甜荞 83-230 的赖氨酸含量均高达 0.84%,优于日本北海道荞麦(赖氨酸含量为 0.62%)和加拿大荞麦(赖氨酸含量为 0.7%)。荞麦中硒的含量高。硒是人体所必需的微量元素,而且有抗癌作用。人体有许多疾病与缺硒有关。据对来自全国 17 个省、市、自治区 1 505 份荞麦品种的测定,荞麦含硒量大于 0.2 微克/克的有 76 份,其中 62 份来自山西省的地方品种,占全国高硒荞麦品种的 82%。山西省甜荞平均硒含量为 0.136 微克/克,苦荞为 0.254 微克/克;全国甜荞含硒量为 0.053 微克/克,苦荞含硒量为 0.05 微克/克。山西省甜荞硒含量为全国甜荞平均值的 2.6 倍,山西苦荞硒含量为全国苦荞平均值的 5 倍。山西省盂县甜荞 F 082 品种的硒含量高达 0.738 微克/克,山西省沁县苦荞 F 206 品种的硒含量高达 0.5 微克/克,都说明山西省荞麦硒含量特高,有待进一步开发利用。

④荞麦用途广泛　甜荞既能食用、药用,茎叶也可饲用,又是中国三大蜜源作物之一。苦荞是食、药两用的作物,是当代热门的保健食品,其茎秆还能提取碳酸钾。荞麦食味清香,具有良好的适口性,在我国东北、华北、西南地区荞麦小吃比较普遍,有不同风味的荞麦面条、烙饼、面包、糕点、凉粉和荞麦灌肠等民间食品。在朝鲜、俄罗斯、日本等国荞麦食品也备受青睐。特别是日本人很喜欢吃荞麦面条,到处都有荞面馆,据说多达 5 000 余家。荞麦还可酿酒、制醋,常食久饮可健身强体,降低血压。苦荞还可制成苦荞茶。荞麦的药用价值也很高。祖国传统医学认为,荞麦有平血健脑的功效。在《本草纲目》等古籍中记载,荞麦可"实肠胃,益气力,续精神,能炼五脏滓秽。作饭食,压丹石毒,甚良。以醋调粉,涂小儿丹毒赤肿热疮。降气宽肠,磨积滞,消热肿风痛,除白浊白带,脾积,泄泻。"我国四川省的凉山彝族人民长期以苦荞为食,其高血压、高血脂、糖尿病及心脑血管病发病率很低。苦荞是提取芦丁的主要原料,一般甜荞芦丁含量为 0.2 毫克/100 克,苦荞芦丁含量为

3.05毫克/100克。芦丁能治疗毛细血管出血病，能降低血压，可促进细胞增生和防止血细胞的凝集，同时还有消炎、抗过敏、利尿、镇咳等作用。据研究，芦丁是黄酮类复合物，这种复合物具有生理活性，能预防心脑血管疾病，并有一定抗癌作用。苦荞中的苦味素有清凉解毒、消炎的功效。近年来，我国研制成功的"金荞麦片"，是以多年生野荞麦根为主要原料。它具有较强的免疫功能与抗菌作用，是一种新兴起的消炎药物。可直接用于临床治疗慢性肺脓肿、急性细菌性痢疾、支气管炎，预防糖尿病效果显著。苦荞中还含有丰富的铁、钙、磷、铜、锌、镁等矿物元素，维生素 B_1、维生素 B_2 的含量也高于其他粮食作物。

(2)当前荞麦生产的特点

①播种面积减少，单产水平提高　随着经济作物和高产粮食作物种植面积的扩大，这些年来，荞麦种植面积不断缩小，然而单产水平明显提高。20世纪50年代全国荞麦最大种植面积曾达到225万公顷，总产量达到90万吨，但是平均每667平方米产量只有27千克。到了80年代，全国荞麦种植面积下降到72万公顷，几乎减少了2/3，每667平方米单产却增加到59千克，提高了118.5%，每667平方米最高单产纪录为317.4千克。目前我国甜荞单产水平略高于美国(每公顷800千克，折合每667平方米53.3千克)和日本(每公顷750千克，折合每667平方米50千克)。我国苦荞种植面积和总产量均居世界第一位。种植面积约30万公顷，平均每667平方米产量为60～150千克，最高达到300千克，充分说明我国荞麦生产具有较大的增产潜力。近年来荞麦的播种面积有所增加，一般保持在150万公顷左右。如遇到春季寒冷、干旱，夏季洪水、冰雹等自然灾害时，补种荞麦是最经济、最有效的措施，可以利用短暂的时间，抢回一茬粮食，所以在这种年份荞麦的种植面积就会增加。

②种植区域广，产区集中　荞麦分布在黑龙江省北纬49°11′

以南，南部到海南省的三亚市（北纬 18°2′），东起台湾的彰化，西至新疆的塔城、和田和西藏的札达均有栽培。从垂直高度来看，甜荞分布在海拔 600 ~ 1 500 米之间，苦荞集中分布在海拔 1 200 ~ 1 300 米的地区。甜荞的最高分布界线为海拔 4 100 米的西藏拉孜县，最低在海拔 100 米地区也有种植。苦荞种植下限为海拔 400 米，上限为 4 400 米。这说明荞麦适应性强，分布广泛。

我国甜荞相对集中在三大主产区：一是内蒙古自治区的西部阴山丘陵白花甜荞产区，包括武川、固阳、四子王旗、达茂旗等；二是内蒙古自治区的东部白花甜荞产区，包括赤峰市、敖汉旗、库伦旗、翁牛特旗等；三是陕甘宁红花甜荞产区，包括陕西省的榆林地区、延安地区各县，甘肃省的平凉市、庆阳地区，宁夏回族自治区的盐池、同心等地。这三大主产区也是我国主要的甜荞出口地区。此外，河北省的张家口地区、承德地区的丘陵山区，山西省的太行、太岳山区都有一定的种植面积，云南省的曲靖，黑龙江、吉林和辽宁省的部分地区也生产甜荞。

我国的淮河、秦岭一线是甜荞和苦荞分布的过渡区。秦淮以北以甜荞为主，苦荞也有零星种植；秦淮以南是苦荞主产区，特别是云南、四川、贵州省交界的高山丘陵区大面积种植苦荞，湖南、湖北、安徽、浙江省等地也有种植。

（3）我国荞麦的栽培区划　①北方春荞麦区，包括长城沿线及以北的高原和山区，是我国甜荞的主产区，种植面积占全国甜荞面积的 80% ~ 90%，春播，一年一熟；②北方夏荞麦区，秦淮以北、长城以南地区，是我国冬小麦主要产区，甜荞多为小麦后茬；③南方秋、冬荞麦区，包括淮河以南、长江中下游的广大地区，零星种植，面积极少；④西南高原春、秋荞麦区，包括云贵川毗邻山区丘陵地带、青藏高原及甘肃省的甘南地区，是苦荞主要产区。

(二)荞麦的发展趋势

我国荞麦生产长期处于自然经济状态,自种自食,商品率很低,加工也很落后。荞麦产区集中在自然条件恶劣、经济不太发达的地区,土壤瘠薄,管理粗放,品种混杂退化现象严重,所以产量也不理想。随着国民经济的发展,人民生活水平的提高,人们的膳食结构和饮食习惯也在发生变化。过去许多地方的人们以杂粮为主食,后来细粮能够满足需求,同时城市居民的动物性食品越来越多,杂粮也就退出了餐桌。最近几年,肥胖症和各种"富贵病"(高血脂、高血糖、高血压等)的出现,使得人们认识到当前膳食结构的不合理、不科学,因而重新重视小杂粮食品,食用粗粮(杂粮)成为一种时尚,市场对小杂粮的需求越来越多。另一方面,我国加入世贸组织后,荞麦及其产品的外销出现了一个良好的机遇。无论是国内市场还是国际市场,对于发展荞麦生产都是十分有利的。

1. 恢复和发展荞麦的种植面积

(1)运用政策、贸易和科技手段发展荞麦生产　进一步加强政府投入,对农民种植荞麦实行相应的鼓励政策。以贸易推动生产,使荞麦生产趋于国际化,加大对外出口,特别要加大对日本、韩国和东南亚的出口。以2000年为例,我国荞麦共出口9.57万吨,共换回外汇1 787.5万美元,出口创汇是增加农民收入的重要途径。要用科学技术手段发展荞麦生产,首先要建立强大的科研队伍,加强荞麦的育种工作,简化育种程序,通过系统选种、杂交育种、多倍体育种等手段尽快培育、审定一批高产、质优、多抗的荞麦新品种,以及具有特殊营养价值,如荞麦富硒品种,高赖氨酸品种以及药用、观赏和蜜源型新品种。促进荞麦的产业化,实现科、工、贸一体化及产、供、销一条龙。政府应制定鼓励政策,以加快荞麦产业化发展和市场的繁荣。

(2)大力宣传食用和药用荞麦的好处　通过广泛的宣传,使人们逐渐认识到荞麦的营养和药用价值,促进消费的增长,以消费带动荞麦生产的发展,逐步扩大荞麦的种植面积。

2. **提高荞麦的单产水平** 目前全国荞麦平均单产水平仍然很低,但荞麦的增产潜力很大。低产原因主要是良种推广不够普遍,许多地方仍种植产量较低的农家品种,加之耕作粗放,不施肥灌水,广种薄收。要提高荞麦的产量,使荞麦每667平方米平均产量达到100千克,必须实施配套高产栽培技术,才能达到预期目标。

(1)选用高产优质良种 根据各荞麦产区的不同气候特点、不同的栽培制度,选择适合本地区的优良品种或引进外地良种。例如江西省推广的九江苦荞优良品种,单产水平可达到每667平方米100千克,比一般农家品种增产20%以上。自然生态条件与江西省相似的地区可引入试种和推广。

(2)播前对种子的处理 荞麦播种前应进行选种、晒种和浸种,有条件的地方还可药剂拌种。选种就是选择成熟饱满的种子,去掉破粒、瘪粒、草籽和杂质。晒种是在播种前7~10天,遇晴朗天气晒种,连续晒2~3天。浸种是用35℃~40℃的温水浸种10~15分钟,或用0.1%高锰酸钾、0.05%硫酸镁等溶液浸种。这些措施均能提高种子的发芽势和发芽率,使幼苗生长健壮,可提高产量。药剂拌种主要是防治地下害虫及防治疫病、凋萎病等。可用0.05%~0.1%五氯硝基苯拌种,也可用种子重量0.3%~0.5%的甲基异柳磷乳油(20%的浓度)拌种。

(3)适时播种 根据不同地区的气候条件,选择适宜播期。或根据生育期的长短,决定播种期的早晚。农谚有"处暑荞麦驮断杈,白露荞麦一朵花"之说。这说明晚播易遇霜害,产量减少。

(4)施足底肥,适时追肥 俗语说:"两个月荞麦一个月菜,底肥不足长不起来"。要获得荞麦的高产应结合整地每667平方米施入堆肥、厩肥和土杂肥等农家肥200~300千克做基肥,并将氯化钾9～12.5千克，钙镁磷肥10～19千克，尿素5千克混在一起，搅拌后施于播种沟内。播种后覆土，定苗后尽早追肥，每667平方米施尿素2千克，以促进生长发育。开花期是需要养分最多的时期，追施尿素2～3千克，增产明显。

(5)合理密植是获得高产的关键　播种量过大，既浪费种子，又出苗太密，个体发育不良，单株产量降低。确定荞麦合理群体结构的计算方法是：播种量＝千粒重×密度×(1＋30%)。其中30%为增补系数。以黑丰1号为例，其千粒重为23.26克，中等肥力土壤上种植密度为每667平方米5万株，则播种量＝0.023×50 000×130%＝1 495克。苦荞每667平方米密度在6万～10万株之间为宜，大于12万株就会造成减产。

甜荞播种量计算方法与苦荞相同。通常每0.5千克甜荞种子，可出苗1万株左右，在一般情况下，每667平方米播种量为2.5～3千克。北方春荞生长期长，个体发育充分，一般每667平方米留苗5万株为宜，最多不宜超过7.5万株。北方夏荞麦区，甜荞生育期间降水较充沛，复播甜荞留苗较稀，在中等肥力的土壤上，一般每667平方米留苗5万～6万株为宜。南方秋、冬荞麦区，甜荞每667平方米留苗6万～8万株为宜。

(6)加强田间管理　在荞麦生育期间中耕2～3次，第一次在苗高6～10厘米时，耕深6～7厘米，并进行间苗；隔6～8天进行第二次中耕除草，同时结合培土，以促进不定根发育。开花后停止中耕。有条件的地方在荞麦开花期灌水。甜荞是异花授粉作物，又是两性花，结实率低。据内蒙古自治区有关科研单位研究，借蜜蜂传粉可使荞麦的单株粒数增加38.74%～81.98%，产量增加83.3%～205.6%。也可以采用人工辅助授粉，以提高荞麦的产量。

3. 加大荞麦开发力度，拓宽荞麦市场

(1)加大荞麦的开发力度　荞麦本身的价格低廉，而加工成荞

麦产品后价格则成倍或几十倍增长。在条件较差的地区,可进行简单的初步加工,如荞麦粉可以做成猫耳朵、蒸饺、饸饹、刀削荞面、羊汤荞面、煎饼、蒸饼、灌肠、凉粉等各种风味小吃,也可进一步加工成荞麦挂面、方便面、苦荞降糖饼、荞花糖、口香糖。有条件的地区可加工成苦荞食疗醋、苦荞茶、苦荞清肺润喉饮料、苦荞滋补饮料,或生产苦荞护发素、苦荞溶液、护肤霜、防辐射面膏等化妆品。还可加工成苦荞芦丁茶、苦荞胶囊,利用高新技术提取黄酮类活性物质,如生物黄酮散、黄酮软膏、黄酮胶囊等。

(2)拓宽荞麦市场 目前,国际食品业正朝着合理性、平衡性的膳食方向发展,提倡增加植物性食品,所以荞麦等杂粮进一步受到重视。在国外有荞麦营养配餐、荞麦糕点、多维荞麦食品,对荞麦的需求量大大增加。日本荞麦的年消费量为 10 万吨,其中的 80%需要进口。韩国、尼泊尔、俄罗斯、法国、波兰、印尼等国生产出各种荞麦主食食品。不少国家已经着手研究和开发苦荞的品种及其产品,苦荞的生产和种植也趋于国际化。我国有许多荞麦新产品,如苦荞降糖茶、阿尔发苦荞营养面、苦荞保健醋、鞑靼荞颗粒粉、同仁降脂茶、思瑞可胶囊等。随着市场开发的不断扩大,将会进一步促进荞麦生产的发展。

二、荞麦良种引种的意义和作用

引种是将外地或国外优良品种引入到当地生产上种植的一种方法。它是低投入、高产出、最快捷的增产途径,也是解决生产用种短缺、调整种植结构和市场需求的重要措施。引种不仅试验年限短,而且原产地有大量种子和成功的栽培经验,一旦引种成功,就能迅速推广,获得较高的经济效益。

(一)荞麦良种引种的意义

我国广大农民长期以来就有引种的习惯,在生产上有许多荞麦品种是引种驯化成功的,对荞麦的良种传播和扩大利用具有重要意义。如1954年长江流域特大洪涝灾害时,国家从内蒙古自治区调去了荞麦种子21 500吨,在灾区种植,发挥了救灾作用。国家有关部门为了达到减灾目的,在特定地区收购贮备荞麦种子,每年数量不低于5 000吨。

20世纪50年代,荞麦生产用种大都是农家品种,如黑龙江省的大粒荞、小粒荞、黑荞,内蒙古自治区的大棱荞麦、小棱荞麦、三棱荞麦,山西省的狗头荞,陕西省的靖边荞麦,云南省的永胜红花荞,广西壮族自治区的红花荞,江西省的贵溪甜荞,贵州省的老鸦苦荞,云南省的大苦荞等品种,产量水平都很低。近年来各地十分重视荞麦选用良种,先后培育出一批新品种,如平荞2号、榆荞1号、吉荞10号等品种。各地之间相互引种,颇为频繁,特别是缺少良种的地区,对引种更为重视,积极从外地和国外引种。

1.国内省际间的相互引种 山西省农业科学院农作物品种资源研究所培育的黑丰1号,引种到内蒙古、云南等地获得成功。甘肃省定西地区从山西省农业科学院小杂粮室引进的甜荞品种92-1,从四川省凉山自治州引进的苦荞品种凉荞1号,经过引种试验、多点小区试验均得到高产,并大面积推广。青海省从陕西省榆林地区农业科学研究所引进苦荞6-21,通过青海省农作物品种审定委员会审定并推广。这些品种均在生产中发挥了很大作用。

2.国际间的相互引种 20世纪80年代,我国从日本和前苏联引进一些荞麦优良品种,表现良好,并在山西、内蒙古、陕西等地推广,如北海道荞麦由陕西省外贸部门从日本引进,牡丹荞由陕西省、内蒙古自治区从日本引进。这两个品种适合在陕西省北部,甘肃省的陇南、陇东和河西走廊以及内蒙古自治区等地种植,并有一定的种植面积。在陕西、甘肃、宁夏等地的甜荞生产中也发挥了重要作用。

(二)荞麦良种引种的作用

通过荞麦良种的相互引种,起到了提高产量,改良品质,增强抵抗自然灾害的能力。

1. **良种引种能提高荞麦单位面积的产量** 甘肃省定西干旱地区从山西省引进的92-1甜荞品种种植,进行了引种试验,连续3年多点示范,每667平方米平均产量为150千克,比当地对照品种增产10%左右。从四川省引进的凉荞1号,平均单产250～300千克,比对照品种定西苦荞增产20%～30%,是目前单产水平最高的品种。陕西省从日本引进的北海道荞麦,在甘肃、陕西等省种植,平均单产100～150千克,最高产量为175～200千克,比当地品种增产20%～30%,高者可达50%以上。

2. **良种引种可改良荞麦现有品种的品质** 引种均有目的性和针对性。引种既可引进育成品种,也可引进优异的种质资源。针对本地区品种的弱点,引进相对有优势的材料和品种做亲本,与当地品种进行杂交以改良其品质。全国高硒含量的种质资源多数分布在山西省,不论是甜荞还是苦荞,都有许多优良的品种。而且该省的高赖氨酸含量的荞麦种质资源也很丰富。这些优异种质资源均可引入到各地做亲本,以改良当地赖氨酸和硒含量较低的荞麦品种。

3. **良种引种可增强荞麦抵抗自然灾害的能力** 在内蒙古及陕西、甘肃、宁夏等地处黄土高原的地区,干旱少雨,土质瘠薄。可以从江西省的九江地区引进九江苦荞新品种。该品种具有抗旱、抗寒、抗倒伏、耐瘠薄、适应性广等特点。甘肃省的定西地区从山西省引进的92-1品种,在连续3年干旱情况下获得了高产。在病害严重地区可引进甘荞2号、榆6-21等品种,这些品种既抗旱又抗病虫害,适应性也广。

三、荞麦良种的引种原则和引种方法

荞麦是短日照作物,对日照的要求不太严格,在长日照或短日照条件下都能正常生长发育并形成籽实。缩短光照后中早熟品种仅提前开花 3~5 天,晚熟品种则可提前开花 20~30 天。为了增加复种指数和提高单位面积产量,可引进和推广生育期短、适应性强的品种。我国地域辽阔,荞麦分布在从北到南相距 30 多个纬度、从东到西相距 36 个经度、垂直海拔高度 100~1 500 米的区域内。因此,地区间进行大量引种时,应注意引种规律,否则会给农业生产造成损失。

(一)荞麦良种的引种原则

第一,从品种类型来看,由于甜荞对短日照反应较敏感,相对而言适应地区较窄小,而苦荞的适应地区较宽广,所以地区间引种应以苦荞为主。甜荞品种由于原产地品种的差异,不同品种对环境的适应性和敏感性不同,引种时应以纬度相近或相差不多、生态环境相似的地区为好。

第二,从高纬度的北方地区向低纬度的南方地区引种,由于日照缩短,温度升高,荞麦生长发育迅速,提早开花成熟,植株生长矮小。因此,应选择中、晚熟品种,并提早播种,适当增加密度。从低纬度的南方地区向高纬度的北方地区引种,由于高纬度地区的日照长,温度较低,原产于低纬度的荞麦所要求的短日照和高温的遗传特性得不到满足,延迟了开花成熟,植株高大繁茂,甚至不能结实。南北距离相差越大,这种现象越明显。因此,应选择生育期短的早、中熟品种,也需适当早播,使之霜前成熟,以防止霜冻。

第三,从高海拔地区向低海拔地区引种,由于低海拔地区的温度比高海拔地区的温度高，荞麦生长快，所以也应选择中、晚熟品种。而从低海拔向高海拔地区引种，则正相反。

第四，秋荞麦春播，有减产的可能，但不会颗粒无收；而春荞麦夏(秋)播，只会长秆而不结实，可导致颗粒无收。

荞麦品种能同时适应春、夏、秋季播种的很少。一般春播与夏(秋)播界限较明显，引种时除注意品种来源以外，更要注意品种的特征特性，选择与播期相一致的品种。大量引种时必须经过引种试验，做适应性鉴定，不可盲目引种。种子质量直接影响到播种后的出苗和产量，所以必须严把种子质量关，做好发芽试验，选用发芽率高和发芽势强的种子。

(二)荞麦良种的引种方法

掌握引种的一般规律是非常必要的，但在实际引种工作中还必须有正确的步骤和方法，进行一系列试验，才能确保引种工作的成功。

1. **了解引进品种的概况**　要针对本地区栽培特点，有目的地从外地或国外引种。要全面掌握所搜集品种的情况。搜集时需附有详细的品种说明，其内容应包括品种的选育经过、品种来历、原产地、播种期、开花期、成熟期、产量表现、品质、特征特性、适应性、抗逆性等。只有对所引进的品种有概括了解，才便于结合试验进行分析。

2. **适应性试验**　根据引种原则，从生态类型适合的地区引入材料或品种。引进品种的份数可多一些。每个品种的种子量不宜太多，一般以一个小区(6～7平方米)的播种量为准。顺序排列，进行初步的适应性试验。着重观察本品种的生育期、耐寒性、抗旱性、耐肥性、抗倒伏性及抗病虫害能力，最终了解产量表现，看这些特征特性是否符合本地区生产条件的要求。

3. **产量鉴定**　第二年将上述试验中符合要求和表现优良的

荞麦品种进行产量鉴定,并观察主要特征特性是否稳定。选择主要性状表现优良,而且产量较高的品种,再进行品种比较试验。

4. **品种比较试验** 将选出的生长表现优良和丰产的品种再进行1次较大区域的品种比较试验,与当地的农家品种或推广品种进行比较。为了加速繁殖,可增加试验点,扩大试验区的范围,以确定适应地区。对表现突出的品种,可加大繁殖量。

5. **区域试验和生产试验** 对试验鉴定出的荞麦优良品种,可推荐参加省、市、自治区的区域试验和生产试验。试验结果如适应本地区种植,又达到了推广良种的标准,确定推广后,再根据需要向原产地大量调种。最好选用新种子(隔年种子发芽率平均下降34.2%)。

四、荞麦的类型及良种标准

(一)荞麦的类型

荞麦在植物分类上属蓼科,荞麦属,双子叶植物。我国荞麦有两个栽培类型,即甜荞和苦荞。现介绍如下:

1. 甜荞(*Fagopyrum esculentum*) 亦称普通荞麦。一般无菌根,子叶大,真叶三角形或戟形,叶片呈圆肾形,具有掌状网脉。茎常带红色,棱角不明显,分枝较大。总状花序,上部果枝为伞形花序。花有白色、玫瑰色或粉红色,花较大。两类花,一类花是长雄蕊短花柱,一类花是短雄蕊长花柱。同一植株只有一种花型。子房周围有明显的蜜腺,有香味,能引诱昆虫,可异花授粉。瘦果较大,三棱形,棱角明显。品质好,为我国栽培最多的类型。

2. 苦荞(*Fagopyrum tataricum*) 亦称鞑靼荞麦。一般有菌根,子叶小、淡绿色到深绿色。植株较高大,茎棱角明显,分枝较小。真叶较圆,叶基部常有明显的花青素斑点。果枝上有疏松的总状花序。花较小,呈紫红色和淡黄绿色,无香味,无蜜腺,花朵着生比较稀疏,雌雄蕊等长,基本为自花授粉,也有少量异花授粉。瘦果较小,三棱形,棱角不明显,表面粗糙,壳厚,果实微苦,品质较差。耐寒耐瘠,适应性强,在我国西南地区栽培较多。

苦荞与甜荞营养成分略有差异。常庆涛等人对荞麦(包括苦荞和甜荞)与大米、小麦粉、玉米粉的营养成分做了研究比较,其结果见表 7-1。

表 7-1 苦荞、甜荞与几种谷物营养成分的比较

项 目	苦荞粉	甜荞粉	大米(籼标)	小麦粉	玉米粉(黄)
水分(%)	13.15	13.00	13.00	12.00	13.40
蛋白质(%)	10.50	6.50	7.80	9.90	8.40
脂肪(%)	2.15	1.37	1.30	1.80	4.30
淀粉(%)	73.11	76.59	76.60	71.60	70.20
食物纤维(%)	1.62	1.01	0.40	0.60	1.50
维生素 B_1(毫克/100 克)	0.18	0.08	0.11	0.46	0.31
维生素 B_2(毫克/100 克)	0.50	0.12	0.02	0.06	0.10
维生素 PP(毫克/100 克)	2.55	2.70	1.40	2.50	2.00
芦丁(毫克/100 克)	3.05	0.21	—	—	—
叶绿素(毫克/100 克)	0.42	1.304	—	—	—
钾(%)	0.40	0.29	0.172	0.195	—
钠(%)	—	—	0.0017	0.0018	—
钙(%)	0.016	0.03	0.0017	0.038	0.034
镁(%)	0.22	0.14	0.063	0.051	—
铁(%)	0.0086	0.014	0.0024	0.0042	—
铜(毫克/千克)	4.585	4.00	2.20	4.00	—
锰(毫克/千克)	11.695	10.30	23.40	25.00	—
锌(毫克/千克)	18.50	17.00	17.20	22.80	—
硒(毫克/千克)	0.431	—	—	—	—

(二)荞麦的良种标准

所谓荞麦良种,通常包括两个含义:一是指荞麦种子质量标准,如种子纯度高,籽粒干净、饱满、无杂质、发芽率高,而且均匀一致;二是指荞麦种子的产量表现、适应性、抗逆性和抗病性等。一个优良品种必须具备产量高,品质优良,适应性广,抗病、抗逆性强,并具有较高的农艺性状和经济性状。

1. 甜荞原种质量标准 籽粒纯度99%,异作物种子每千克不超过16粒,杂草种子不超过10粒,无危险性病虫侵害的种子,含水量北方12%,南方13%,发芽率95%。

2. 苦荞原种质量标准 籽粒纯度99.5%,净度99%,异作物种子每千克不超过16粒,杂草种子不超过10粒,无危险性病虫侵害的种子,含水量北方12%,南方13%,发芽率95%。

五、荞麦的优良品种

荞麦的优良品种较多,本书着重介绍17个品种。其中(一)至(十)为甜荞品种;(十一)至(十七)为苦荞品种。

(一)吉荞10号

品种来源 吉林农业大学从地方品种白城荞麦混合群体中选育出优良单株,连续2年在隔离条件下选择综合性状好的单株,混合脱粒,并进一步提纯,经系统选育而成。1995年通过吉林省农作物品种审定委员会审定。

特征特性 在吉林省长春市种植生育期80~85天。株型紧凑,株高130厘米左右,一级分枝4~5个。幼茎浅绿色,叶片大、浅绿色。籽粒深褐色,单株粒重4.5克,千粒重28.5克。籽粒含蛋白质13.93%,淀粉67.5%,赖氨酸0.69%。该品种抗倒伏,抗旱,耐瘠薄,落粒轻,适应性较广。属甜荞品种。

产量表现 具有高产稳产特点,一般每667平方米单产80~90千克,高产者可达100千克。

栽培要点 施足底肥,适时早播,及时追肥。加强田间管理,及时防治病虫害。

适应地区 在吉林省中西部地区及北方的其他荞麦产区均可种植。

联系单位 邮编:130118,吉林省长春市吉林农业大学。

(二)甘荞2号

品种来源 甘肃省平凉地区农业科学研究所以云南白花荞麦群体为亲本,在隔离条件下,采用集团混合选择法选出粒色、粒型、花色一致的单株混合脱粒,翌年种植再选优良单株,优中选优选育而成。1994年通过甘肃省农作物品种审定委员会审定。

特征特性 在甘肃省种植生育期春播90天左右,夏播75~80天。株型紧凑,株高75~85厘米。叶浅绿色,茎秆红绿色。花白色,有限花序。一级分枝5个,二级分枝6个左右。籽粒褐色,单株粒重1.7克,千粒重31.4克,籽粒含蛋白质12.84%,淀粉49.2%,脂肪2.76%,赖氨酸0.52%。该品种抗倒伏,抗旱,抗病虫害,耐瘠薄,落粒较轻,适应性广。

产量表现 高产稳产,一般每667平方米平均单产120~150千克,最高单产159千克。

栽培要点 ①选好茬口,施足底肥。前茬以豆类、马铃薯茬为好。播前每667平方米施农家肥4000千克左右做基肥,并加施纯氮5千克,五氧化二磷2.5千克。②适时播种,合理密植。在甘肃省春播,以芒种前6~7天为宜。一般每667平方米留苗5万~6万株。

适应地区 适宜在陕西省的北部和宁夏、甘肃、湖北、贵州等省、自治区种植。

联系单位　邮编744000,甘肃省平凉地区农业科学研究所。

(三)北海道1号

品种来源　日本品种,20世纪80年代引入我国。

特征特性　在江苏省种植生育期60~65天,属中早熟种。株高71~103厘米。幼苗紫色,叶色深绿。茎秆上红下紫,分枝多,一级分枝5~6个,株型紧凑。花白色,花期较短。结实集中,结实率为30%~50%。单株粒数为104~234粒,籽粒黑色,有麻纹。千粒重38~44克。出粉率73.1%,籽粒蛋白质含量11%,脂肪1.57%,赖氨酸0.43%。该品种抗倒伏,耐旱、耐涝、耐瘠,抗病,适应性广。

产量表现　高产稳产。一般每667平方米平均产量为100~150千克,比当地品种增产50%~60%,内蒙古自治区种植最高单产达317.4千克。在肥水条件好或有底肥的土壤上,增产效果更大。

栽培要点　施足农家肥做底肥,适时播种,合理密植,一般每667平方米播种量为2.5~3千克,留苗5万~6万株为宜。

适应地区　在江苏省、内蒙古自治区以及北方的春、夏荞麦区均能种植。

联系单位　邮编224000,江苏省盐城市南洋珍稀品种引种场。

(四)榆荞1号

品种来源　陕西省榆林地区农业学校于1982年以靖边甜荞为诱变材料,用秋水仙碱处理后,通过5代单株选择和混系繁殖选育而成。该品种为四倍体品种,属甜荞品种。

特征特性　在陕西省榆林地区种植生育期约90天,属中晚熟品种。在山西省太原市生育期约78天。植株繁茂,生长势强。株高80~95厘米,茎秆粗壮,深红色。一级分枝壮,二级分枝较少。叶面积大,单株叶片数少。苗期到始花期叶面积稍小,盛花期叶面积显著增长。花为紫红色、较大。籽粒大,皮壳薄,呈褐色,千粒重51~55.5克。据西北农林科技大学分析,籽粒蛋白质含量为13.022%,脂肪含量为2.36%。脂肪酸中亚油酸含量为32.26%,高于菜籽油(18.36%)。榆荞1号荞麦油中芥酸含量为0.129%,远远低于菜籽油(约19.84%)。榆荞1号抗病性强,抗倒伏,喜肥水,成熟时比较抗落粒。耐瘠性差,在砂质土壤上生长不良。

产量表现 在肥水充足的地块上,增产潜力大。一般每667平方米平均产量为100~200千克。

栽培要点 ①适时播种,在陕西省榆林地区适宜播种期为5月下旬至6月上中旬。②留苗密度,一般每667平方米留苗5万~6万株。③施足底肥,氮、磷肥配合。荞麦除需氮肥、钾肥外,还需大量磷肥。随秋翻或春耕每667平方米施农家肥500~750千克。播种前用过磷酸钙15千克、尿素5千克做种肥,播前结合耕地一起施入。④加强田间管理,破除土壤板结,保证全苗。出苗前后如遇大雨或暴雨,应及时耙耱松土。幼苗3片真叶时期锄第一次草,结合中耕间苗,每667平方米留苗4万~6万株。用90%晶体敌百虫1000~2000倍液或80%敌敌畏乳油1000~1500倍液喷雾防治荞麦钩刺蛾等虫害。⑤及时收获。荞麦籽粒成熟时间不一致,且易落粒,当田间65%~70%的植株籽粒成熟时即可收获。

适应地区 该品种适于气候凉爽的地区春播,无霜期小于110天的地方不宜种植。

联系单位 邮编:719000,陕西省榆林地区农业学校。

(五)榆荞2号

品种来源 陕西省榆林地区农业科学研究所通过系统选育而

成。原编号为榆3-3。1982~1988年从当地农家品种中选择粒色、粒型基本一致的单株，经3~4代原种繁殖，形成了新品种体系。1990年通过陕西省农作物品种审定委员会审定推广。

特征特性 榆荞2号属甜荞。生育期85~90天。幼苗绿色，叶色深绿，花蕾粉红色，茎红色。株高95厘米，主茎地上节14个左右，株型松散。一级分枝3~4个，二级分枝4~6个。籽粒长形、棕色，株粒重3~4克，千粒重35克左右。出粉率72%左右。籽粒含蛋白质13.8%，脂肪2.5%，淀粉68.3%，赖氨酸0.64%，芦丁0.701毫克/100克。含维生素E 0.37毫克/100克，维生素PP 3.36毫克/100克，含锌18.28微克/克，含铁76.6微克/克，硒0.074微克/克。该品种抗病，耐旱性强，较抗倒伏。

产量表现 榆荞2号丰产性好，每667平方米平均产量为75~100千克，最高单产180千克。

栽培要点 在北方春荞麦区6月上旬播种，在夏荞麦区7月上旬播种，适于晚播。每667平方米播种量2.5~3千克，留苗4.5万~5万株。苗期和始花期及时中耕除草，注意防治荞麦钩翅蛾。

适应地区 主要适于陕西省、山西省北部、内蒙古自治区东部以及宁夏回族自治区、甘肃省旱地种植。

联系单位 邮编:719000，陕西省榆林地区农业科学研究所。

(六)黎麻道

品种来源 由内蒙古自治区农业科学院小作物研究所于1979年从河北省丰宁县引进的农家品种黎麻道中，选择褐色籽粒的植株，经多次混合选择育成。属甜荞品种。1987年通过内蒙古自治区农作物品种审定委员会审定推广。

特征特性 黎麻道品种属中熟种。在内蒙古自治区呼和浩特市以北地区生育期75~85天，在山西省北部引种生育期70天左右。幼苗绿色,茎秆紫红色,株高 60~80 厘米,主茎地上节 10 个左右。分枝力强。一级分枝平均 3.2 个。花红色或粉白色。单株粒数为 90~120 粒,籽粒大小均匀、茶褐色,异色率 1%~3%。千粒重 28~30 克。出粉率 75% 左右,皮壳率 18.2%。籽粒含蛋白质 10.66%,脂肪 2.59%,淀粉 54.6%,芦丁 0.78 毫克/100 克,赖氨酸 0.59%。抗旱,耐瘠,抗病能力较强,对土壤条件要求不严。

产量表现 一般每 667 平方米平均产量为 74~87 千克,最高者可达 100 千克。

栽培要点 在内蒙古自治区呼和浩特市以北种植,6 月上中旬播种为宜。每 667 平方米播种量 1.68~2.4 千克。

适应地区 在大于或等于 10℃积温 2 000℃~2 700℃的旱地都可以种植,但不宜在水浇地种植,水肥条件过高容易徒长、倒伏。适于山西省、河北省北部、内蒙古自治区中部地区的坡地、旱地种植。

联系单位 邮编:010031,内蒙古自治区呼和浩特市,内蒙古自治区农业科学院小作物研究所。

(七)牡 丹 荞

品种来源 原产日本,20 世纪 80 年代由陕西省、内蒙古自治区从日本引进。1990 年通过陕西省农作物品种审定委员会审定。

特征特性 在陕西省种植生育期 80~85 天。幼苗绿色,绿秆、绿叶。株高 70~80 厘米,主茎节数 16 个,一级分枝 4~6 个,株型紧凑。花白色,花序为有限型。籽粒较长,黑褐色。单株粒重 6.8 克,千粒重 28~32 克,皮壳率 23.6%。籽粒含蛋白质 12.4%,赖氨酸 0.74%,维生素 E 1.09 毫克/100 克,维生素 PP 1.15 毫克/100 克,锌 27.8 微克/克,铁 67.5 微克/克,锰 18.5 微克/克。各种营养素含量丰富,品质优良。该品种抗倒伏、抗病,落粒较轻,适应性强。属甜荞品种。

产量表现 丰产性好,一般每667平方米平均产量为75千克左右,最高可达170千克。

栽培要点 在北方春荞麦区5月下旬至6月上旬播种,在夏荞麦区7月上旬播种,每667平方米留苗5万株左右。

适应地区 适宜在山西省各荞麦产区以及陕西省北部、内蒙古自治区东部等地种植。

联系单位 邮编:712100,陕西省杨凌,陕西省农业科学院。

(八)92-1新品系

品种来源 甘肃省定西地区旱季农业研究中心荞麦育种组于1996年从山西省农业科学院小杂粮室引进,经引种试验及多点生产示范,表现高产,抗病。属甜荞品种。

特征特性 在甘肃省生育期70~75天。株高65~80厘米。叶片绿色,桃形。花白色,有限花序。一级分枝4.4~8.4个,二级分枝2.4个,株型较松散。单株粒重2.68克,千粒重30~40克,籽粒黑褐色,三棱形,皮壳率20%左右。该品系抗倒伏、抗旱、抗病。

产量表现 在甘肃省定西干旱地区连续种植3年,表现高产稳产,每667平方米平均产量为150千克左右。

栽培要点 ①选好茬口。前茬以豆类、马铃薯为好。②精选种子。选择大粒、饱满的新种子,剔除空秕粒、破损粒,以保全苗。③合理施肥。每667平方米施用农家肥2000千克做基肥,并施用纯氮3千克,五氧化二磷2.5千克。④适时播种。在甘肃省中部干旱地区,一般在6月底至7月初(小暑前1周内),在前茬作物收获后抢墒条播,播种深度3~5厘米,播种量每667平方米3~4千克,留苗8万~9万株。⑤田间管理。生育期间中耕除草1~2次,开花期用氯鼠酮或气体杀鼠剂诱杀害鼠。9月下旬当80%籽粒成熟时及时收获。

适应地区 适宜在甘肃省的定西、陇西、会宁、通渭、榆中等地种植,也可在其他荞麦产区种植。

联系单位 邮编:743000,甘肃省定西地区旱季农业研究中心。

(九)日本荞麦

品种来源 1982年由山西省种子公司从日本引种,先在山西省阳曲、太谷、寿阳等县和榆次市试种,后在太原市、忻州和晋中地区普遍推广,现已成为山西省荞麦主栽品种之一。1987年5月由山西省农作物品种审定委员会认定。

特征特性 在山西省晋中地区生育期95天左右,属中熟品种。株高一般70~100厘米,根系发达,茎秆粗壮。叶似心脏形或三角形。花聚伞形,花冠粉白色,两性异型花,即一种花雄蕊长而花柱短,另一种花花柱长而雄蕊短。蒴果三棱形、褐色。种子长6.4毫米,宽4.1毫米,厚3.7毫米。种皮重20%~25%。该品种抗倒伏,喜肥水,抗旱、抗病,耐瘠、耐热。适应性广,夏播也能生长良好。

产量表现 一般每667平方米平均产量为200千克左右,高者可达300千克。

栽培要点 因生育期较长,宜早播,夏播可获较高产量。要合理密植,一般每667平方米播种量为2~2.5千克。由于该品种喜肥、耐水,要夺得高产必须选择水肥条件好的地块。同时要增施磷肥,以提高结实率。种子成熟不一致,一般籽粒有80%变为褐色时,及时收获,以防落粒。

适应地区 该品种的适应性强,我国北方荞麦产区均可种植。

联系单位 邮编:030001,山西省太原市,山西省种子公司。

(十)平荞2号

品种来源 甘肃省平凉地区农业科学研究所用日本甜荞混合

选择育成。1994 年通过甘肃省农作物品种审定委员会审定。

特征特性 生育期 85 天。株高 75～85 厘米。白花。籽粒灰褐色、三棱形。主茎分枝 4～5 个,主茎节数 10～12 个,株型紧凑。单株粒重 2～3.3 克,千粒重 30 克左右。籽粒品质优良,含蛋白质 12.84%,脂肪 2.76%,淀粉 49.16%,赖氨酸 0.52%。早熟,抗旱、抗倒伏,高产稳产。

产量表现 江苏省泰州市旱地作物研究所于 1996 年引进泰州。1996～1998 年生产试验,每 667 平方米平均产量为 89.3 千克,比当地对照品种增产 28.9%。1999～2001 年推广 2 300 公顷,3 年平均单产为 89.2 千克,比对照增产 29%。

栽培要点 ①播种前精细整地,晒种 1～2 天。播种量每 667 平方米 2～3 千克,基本苗以 4 万～6 万株为宜,播深 3～4 厘米。②以农家肥为主,每 667 平方米施入 1 000 千克,并配合施用过磷酸钙 10～15 千克,硫酸钾 6～8 千克,全部做基肥,1 次性施入。盛花期后如缺肥可根外喷施 0.2%磷酸二氢钾 50 千克。③及时中耕除草。盛花期每 5～7 天人工授粉 1 次,用一条柔软的布条或棉絮绳两人各拉一头,在上午 8～10 时露水干后,顺风沿植株顶端轻轻拉过,一般进行 2～3 次。④籽粒 70%成熟时及时收获,轻割轻放。防止落粒。

适应地区 适宜在北方夏荞麦区种植,但在南方的江苏省泰州市表现也很好。秋荞麦区一般 8 月中下旬播种,10 月底成熟。

联系单位 邮编:744000,甘肃省平凉地区农业科学研究所;邮编:225433,江苏省泰州市旱地作物研究所。

(十一)黑丰 1 号

品种来源 山西省农业科学院农作物品种资源研究所从榆 6-21 中系统选育而成。1999 年 4 月由山西省农作物品种审定委员会认定。属苦荞品种。

特征特性 株高110~140厘米,株型紧凑,茎绿色。主茎节数26~28个,一级分枝4~6个。真叶三角形、互生。叶色深绿,由下而上逐渐变小变薄。花小,黄绿色。雌雄同花,自花授粉。复总状花序。果枝呈穗状。籽粒黑色。正常年份生育期80天左右。顶花可正常结实成熟,籽粒成熟期比较一致。单株生长势强,茎粗抗风抗倒伏,落粒轻。单株产量大于8克,千粒重大于21克。籽粒含蛋白质11.82%,淀粉68.58%,赖氨酸0.83%,硒31.9微克/100克。是一个富硒品种。

产量表现 1993年和1994年在山西省大同、右玉、寿阳、汾西等地试验,每667平方米平均产量为200千克,比原亲本榆6-21增产30%以上。1998年在山西省榆次市南赵村示范,不浇水的荞麦生育期70天,每667平方米产量180千克;浇水的荞麦生育期85天,产量为265千克。比当地甜荞品种早熟15~20天,增产显著。

栽培要点 ①适期播种。生育期间需要的大于或等于10℃的积温应在1 800℃以上。可根据当地情况安排播期,既要保证霜前成熟,又要使盛花期避开高温期。山西省太原地区适宜的播期为6月中旬,往北提前15天左右,往南可推后15~20天。②每667平方米播种量为1.5千克,播深3~4厘米,留苗密度4.5万~5万株。③每667平方米施农家肥3 000千克做底肥,过磷酸钙30千克做种肥,封垄现蕾前视苗情追施氮素化肥5~8千克。④籽粒黑化达90%以上时为适宜收获期。留种地如遇好天气可等到籽粒完全变黑后再收,以保证种子质量。

适应地区 适宜在无霜期130天以上的地区种植。高寒地区及海拔1 000米以上的山区适宜春播。山西省的晋中、晋东南地区可夏播或麦后复播。

联系单位 邮编:030031,山西省太原市农科北路64号,山西省农业科学院农作物品种资源研究所。

（十二）西荞1号

品种来源 四川省西昌农业高等专科学校采用^{60}钴-γ射线处理额落乌且（四川省凉山地区农家品种）种子，辅以秋水仙素浸泡处理，对变异后代进行选育而成的优良苦荞品种。1997年8月通过四川省农作物品种审定委员会审定，2000年5月通过国家农作物品种审定委员会审定。

特征特性 植株高度90~105厘米，主茎分枝4~7个，主茎节数14~17节，株型紧凑。单株粒重1.9~4.2克，千粒重19.5~20.5克。生育期75~85天，为早中熟品种。籽粒饱满呈黑色，粒型为桃形。出粉率64.5%~67.7%，蛋白质含量13.6%，脂肪含量2.35%，总淀粉含量60.07%，芦丁含量1.3毫克/100克。氨基酸含量丰富，特别是含有人体所必需的8种氨基酸。维生素B_1含量为0.19毫克/100克，维生素B_2含量为0.5毫克/100克，还有充足的叶绿素。有较强的抗旱能力，同时抗倒伏，不易落粒。

产量表现 1994年和1995年参加西南地区苦荞区域试验，每667平方米产量分别为154.3千克和168千克。1997年和1998年在全国荞麦区域中平均单产为83.2千克和146.9千克，分别比对照增产7.8%和7.9%。在陕西省榆林地区和河北省坝上地区参加的区试中增产效果也很明显。

栽培要点 ①要轮作换茬，西荞1号的前作以豆类、马铃薯或休闲地最好，忌连作。②在施足底肥的基础上，播种前施好种肥，每667平方米施农家肥300~400千克，草木灰50千克，过磷酸钙3千克。③每667平方米播种量3.5~4.5千克，留苗10万~12万株。④苗期3~4片真叶时每667平方米追施尿素3~5千克。⑤当植株70%左右的籽粒成熟时应及时收获。

适应地区 适宜在长江以南的各苦荞栽培区种植，尤其在四川、云南、贵州等省种植效果更好。

联系单位 邮编:615013,四川省西昌农业高等专科学校。

(十三)榆 6-21

品种来源 陕西省榆林地区农业科学研究所从定边地方品种黑苦荞中经单株混合选种育成。1996 年通过青海省农作物品种审定委员会审定。属苦荞品种。

特征特性 该品种生育期 80～85 天,属中熟品种。株高 100 厘米左右,主茎 16～18 个节,单株一级分枝 4 个左右,二级分枝 4～6 个,株型半紧凑。叶深绿色,花蕾黄绿色,籽粒长形、黑色。单株粒重 8 克左右,千粒重 23 克。籽粒含蛋白质 11.5%,脂肪 2.2%,淀粉 72.5%,出粉率 70%左右。含维生素 PP 1.08 微克/克,维生素 C 6.08 微克/克,维生素 B_1 4.4 微克/克,维生素 B_2 20.88 微克/克。榆 6-21 抗病性和抗旱性强,较抗倒伏,易落粒。

产量表现 一般每 667 平方米平均产量为 120～150 千克,最高可达 210 千克。

栽培要点 在陕西省北部地区以 5 月中下旬播种为宜。每 667 平方米播种量为 2～2.5 千克,留苗 4 万株左右。播后遇雨应及时破除板结,苗期和始花期中耕除草 2 次。注意防治荞麦钩刺蛾。当田间 65%～70%籽粒成熟时及时收获。

适应地区 适宜在陕西省北部和内蒙古、山西、宁夏、甘肃、青海等省、自治区种植。

联系单位 邮编:719000,陕西省榆林地区农业科学研究所。

(十四)凉荞 1 号

品种来源 四川省凉山自治州昭觉农业科学研究所从贵州地方品种老鸦苦荞中经系统选种育成。1995 年通过四川省农作物品种审定委员会审定。

特征特性 在四川省春播生育期 78 天左右,在甘肃省定西地区播种生育期95~105天。株高90~100厘米,株型紧凑,茎秆紫红。叶片桃形、深绿色。花淡黄色。一级分枝11.2个,二级分枝6.5个,单株粒重4.4克,千粒重20克,籽粒长尖形,黑色有光泽。出粉率63.7%。籽粒含蛋白质15.6%,脂肪3.9%,淀粉69.1%,维生素E 0.53毫克/100克,维生素PP 4.3毫克/100克,芦丁2.64毫克/100克。该品种抗旱性强,较抗倒伏,抗荞麦褐斑病,适应性广。

产量表现 一般每667平方米平均产量为130~160千克,高者可达180千克。凉荞1号引至甘肃省定西地区,在干旱土地上连续3年进行引种试验和多点生产示范,丰产性强,平均单产为246.7~300千克,比对照品种定西苦荞增产20%~30%。

栽培要点 ①选好茬口,施足底肥。前茬以豆类、马铃薯或休闲地为好。播前施足底肥,每667平方米施优质农家肥3 000千克,纯氮5千克,五氧化二磷2.5千克。②适时播种,合理密植。在甘肃省中部干旱地区适宜播期为5月28日至6月8日(芒种前7天左右),播种量每667平方米3千克,播深3~4厘米,留苗7万株左右。③加强田间管理。出苗前遇雨应及时耙耱,防止土壤板结,以确保全苗。荞麦生育期间中耕除草2~3次。在开花结实期投放氯鼠酮杀鼠剂消灭鼠害。凉荞1号落粒性强。在籽粒85%成熟时及时收获。

适应地区 适宜在云贵高原高寒地区种植,也适宜在甘肃省中部干旱地区(海拔1 900~2 500米,年降水量250~500毫米)种植。以通渭县华家岭一带以及陇西、定西、会宁等县种植为宜。

联系单位 邮编:616100,四川省凉山自治州昭觉农业科学研究所;邮编:743000,甘肃省定西地区旱季农业研究中心。

(十五)老鸦苦荞

品种来源 贵州省威宁县农家品种经系统选种育成。1994

年通过四川省农作物品种审定委员会审定。

特征特性 在贵州省生育期80天左右。株高100厘米，主茎节数15.5个，茎秆绿色，株型紧凑。花小、黄绿色。籽粒为锥状三棱形，皮粗糙，黑色。分枝3.1个左右。单株粒重3.14克，千粒重20克左右，结实率高达62.5%，出粉率66.5%。籽粒含蛋白质9.2%，赖氨酸0.52%。含维生素E 0.72毫克/100克，维生素PP 6.23毫克/100克，锌35.02微克/克，铁997.9微克/克，锰25.27微克/克。该品种抗逆性强，抗倒伏，耐旱、耐涝、耐寒、耐肥，适应性广。

产量表现 一般每667平方米平均产量为130～160千克。

栽培要点 适时早播，合理密植，每667平方米留苗7万～8万株。

适应地区 适宜在云贵高原高寒山区种植。

（十六）凤凰苦荞

品种来源 湖南省凤凰县农业局从地方品种苦荞混合群体中经系统选育而成。编号为国杂2001004。

特征特性 在湖南省凤凰县生育期88天，属中熟种。株高100厘米左右，主茎分枝7个左右，株型紧凑。籽粒长形、灰色，千粒重23克。籽粒含淀粉65.1%，蛋白质12.4%，脂肪2.3%，赖氨酸0.619%。该品种抗旱、耐瘠，落粒性轻。

产量表现 1997～1999年参加第五轮全国苦荞品种区域试验，在3年内每667平方米平均产量为105.3千克，比九江苦荞增产7.1%，比当地对照品种增产13.6%。表现高产、稳产。

栽培要点 选好茬口，适时早播，每667平方米施农家肥3000千克左右做基肥。播种量每667平方米5千克，留苗5万～6万株。适时收获。

适应地区 适宜在甘肃、陕西、宁夏、山西、贵州、云南、湖南等省、自治区种植。

联系单位 邮编:416200,湖南省凤凰县农业局。

(十七)九江苦荞

品种来源 1982年江西省征集农作物品种资源时在九江县城门乡征集到的地方品种,经吉安地区农业科学研究所整理、鉴定、筛选培育成早熟、高产、稳产品种。1989年通过江西省农作物品种审定委员会审定,2000年通过国家农作物品种审定委员会审定。

特征特性 九江苦荞生育期66~75天,属苦荞,为早熟、高产类型。株高80~100厘米,株型紧凑。茎、叶均为绿色,花黄绿色。主茎节15.8个,一级分枝5~6个。籽粒黑色,单株粒重5克左右,千粒重19~21克,皮壳率22%。籽粒长形、黑色,无棱翅。籽粒含蛋白质10.1%,赖氨酸0.59%,维生素E 1.26毫克/100克,维生素PP 1.25毫克/100克,锌23.7微克/克,铁61.4微克/克,锰19.6微克/克。该品种抗旱、抗寒,耐瘠,不易落粒,适应性广,增产潜力大。

产量表现 一般每667平方米平均产量在75~150千克之间,比对照品种增产20%以上。

栽培要点 ①播前种子处理。因荞麦种子皮壳较厚,吸水困难,发芽较慢,所以播前要进行浸种催芽,使出苗整齐一致。②适时播种,合理密植。在江西省春、夏、秋均可播种,应掌握"春荞霜后种,秋荞露前种"的原则,最佳播期在8月20日前播种,晚播易遇霜害,使其减产。每667平方米播种量为3~5千克,留苗8万~9万株。采用密植条播为宜。③施足底肥,适时追肥。基肥以农家肥为主。在施足底肥的基础上,有条件时应注意施用种肥,每667平方米施氯化钾9~12.5千克,钙镁磷肥10~19千克,尿素5千克,混合在一起,搅拌均匀,施于播种沟内,然后播种覆土。开花期追施尿素 2～3 千克，增产明显。④加强田间管理，及时中耕除草。在除草过程中要培土，以促进荞麦的不定根发育。注意防治病虫害。在全株有 2/3 的籽实成熟时及时收割，防止落粒。

适应地区 在江西、云南、贵州、四川等省荞麦产区均可种植。

联系单位 邮编：343000，江西省吉安市农业科学研究所。